职业技术教育"十二五"课程改革规划教材

光电技术（信息）类

光纤光缆技术与制备

GUANG XIAN GUANGLAN JISHU YU ZHIBEI

主　编　魏　访

副主编　蔡晓明　吴英凯

参　编　戴梦楠　吴学武　杨　俊

主　审　吴晓红

U0303145

华中科技大学出版社

http://www.hustp.com

中国·武汉

内 容 简 介

　　全书共分为九章,分别是:光纤导光原理、光纤的基本特性、光无源器件、光有源器件、光纤的连接与耦合、特种光纤、光纤技术的应用、光缆结构和特性和光纤光缆制备技术。教材在章节后面安排了相应的思考题和练习题。本教材语言通俗易懂,同时兼顾实用性与前沿性,具有较强高职院校课程改革的特点,可以作为高职院校光电子专业、光信息专业、通信专业的教材,也可供相关技术人员参考。

图书在版编目(CIP)数据

光纤光缆技术与制备/魏　访　主编.—武汉:华中科技大学出版社,2013.3(2023.1重印)
ISBN 978-7-5609-8000-3

Ⅰ.光…　Ⅱ.魏…　Ⅲ.纤维光学-职业教育-教材　Ⅳ.TN25

中国版本图书馆 CIP 数据核字(2012)第 103627 号

光纤光缆技术与制备　　　　　　　　　　　　　　　　　　　　　　魏　访　主编

策划编辑:刘万飞　王红梅
责任编辑:余　涛
封面设计:秦　茹
责任校对:马燕红
责任监印:周治超
出版发行:华中科技大学出版社(中国·武汉)　　　电话:(027)81321913
　　　　　武汉市东湖新技术开发区华工科技园　　　邮编:430223
录　　排:武汉市洪山区佳年华文印部
印　　刷:武汉邮科印务有限公司
开　　本:787mm×1092mm　1/16
印　　张:10.5
字　　数:245 千字
版　　次:2023 年 1 月第 1 版第 4 次印刷
定　　价:32.80 元

前　言

　　光纤通信是 20 世纪 70 年代问世的通信新技术,作为其传输介质,光纤光缆及其相关技术的发展成为研究的热点,随着人们对其认识的不断深入和相关技术的迅猛发展,光纤光缆的应用领域也在不断拓宽。本书是主要针对高职院校光电专业学生的专业课教材,内容涉及光纤导光原理、光纤基本特性、光无源器件、光有源器件、光纤的连接与耦合、特种光纤、光纤技术的应用、光缆结构和特性以及光纤光缆制备技术。

　　本书力图深入浅出,结合高职学生的基础和学习能力,在保有一定的理论分析深度的基础上,简化数学分析过程,尽可能多地采用图片和真实实例。

　　本书第 1、5、9 章由魏访编写,第 2 章由吴英凯编写,第 3 章由戴梦楠编写,第 4 章由吴学武编写,第 6、7 章由蔡晓明编写,第 8 章由杨俊编写。全书由魏访、蔡晓明统稿。

　　本书在编写过程中,参阅了大量文献和成果,得到了合作院校和相关单位的大力支持,在此一一表示诚挚的感谢。

　　由于光纤光缆及其技术的发展日新月异,加之我们的水平有限和编写时间仓促,不妥或谬误之处在所难免,敬请广大师生、读者及专家学者批评指正。

编　者

2012 年 10 月

目 录

第 1 章　光纤导光原理

◆ 本章重点
  ☒ 光纤的基本结构与几何尺寸参数
  ☒ 光纤的分类方式
  ☒ 光在光纤中的传输条件
  ☒ 光纤的接收角和数值孔径
  ☒ 单模光纤的基本特性
  ☒ 光纤相关参数的测量

作为一种新兴的通信技术,光纤通信在短短的几十年中获得了迅速的发展,目前已经建立了一个覆盖全球的光纤通信网。

光纤是光导纤维(Optical Fiber)的简称,作为光纤通信的传输介质,光纤及其应用技术受到人们的普遍关注,图 1-1 所示的为各种形式的光纤,图 1-2 所示的为光纤成品。本章将重点介绍光纤的结构特性和光学特性。

图 1-1　光纤

图 1-2　光纤成品

1.1　光纤的结构和类型

为了满足光信号在光纤中的传输要求,根据光波的传输原理和传输特性,光信号在光纤中要求以全反射传输的方式,以减少在传输过程中的辐射损耗,因此在选择光纤的结构和材料时要满足一定的技术要求。

1.1.1   光纤的结构和各部分的作用

光纤是一种由高度透明的石英(或其他材料)经复杂的工艺拉制而成的光波导材料。光纤的典型结构为多层同轴圆柱体结构,一般由折射率较高的纤芯、折射率较低的包层以及涂覆层和外保护套构成,其典型结构和实物模型分别如图1-3、图1-4所示。纤芯和包层作为光纤结构的主体,对光波的传播起着决定性作用。涂覆层和外保护套的作用则是隔离杂散光、提高光纤强度、保护光纤等。

图1-3   光纤的典型结构

图1-4   光纤的实物模型

1. 光纤的纤芯

纤芯的折射率较高,是光波的传输介质,其材料的主要成分为纯度高达99.999%的二氧化硅(SiO_2),其中掺杂极微量的其他材料,如掺入微量的二氧化锗(GeO_2)、五氧化二磷(P_2O_5)等,以提高纤芯的折射率。

光纤的纤芯是一种直径为$8\sim100~\mu m$、柔软的、能够很好地传导光波的透明介质,它是光信号的传输路径,可由玻璃或塑料来制成。其中,使用超高纯度石英玻璃制作的光纤具有很低的线路传输损耗,各种技术性能都较好。纤芯的折射率n_1通常在1.5左右,多模光纤的纤芯直径为$50\sim100~\mu m$,单模光纤的纤芯直径为$8\sim10~\mu m$,所以纤芯是一种几乎与人的头发丝粗细相当,比电线、电缆直径小得多的信号传输介质。

2. 光纤的包层

包层为紧贴纤芯的材料层,与纤芯共同构成光波导,材料一般为纯二氧化硅,有时也掺杂微量的三氧化二硼(B_2O_3),以降低包层的折射率。包层的外径为$125\sim140~\mu m$,主要起着限制光波在纤芯中传输的作用。包层折射率略小于纤芯的折射率。

在折射率n_1较高的单根纤芯外面用折射率n_2(比n_1稍低一些)的材料制作成纤芯包层,将纤芯包住。纤芯与包层的交界面为在纤芯内传输的光波提供一个光滑的反射面,起到光隔离、防止光泄漏的作用。只有纤芯的折射率n_1大于包层的折射率n_2,才能使光波在传输过程中形成全反射,构成一条光通道。因为临界角$\theta_c = \arcsin(n_2/n_1)$,为了尽量扩大临界角$\theta_c$,以便光源的光信号能更容易耦合进光纤,包层折射率$n_2$应尽可能接近纤芯折射率$n_1$。当然$n_2$的增大也可减小光线在包层介质中的穿透深度。通常多模光纤的包层直径为$140~\mu m$,单模光纤的包层直径为 $125~\mu m$。从光波的传输原理可知,为了满足光信号的传输,光纤的制造工艺要保证纤芯和包层的不圆度和不同心度尽可能小。

3. 涂覆层

为了增强光纤的柔韧性、提高机械强度、增加抗老化性能以及延长光纤的寿命,一般在包层的外面用环氧树脂或硅胶等高分子材料做一层涂覆层,该涂覆层用来保护光纤,起到外保护套的功能,其外径为 $300~\mu m$ 左右。

用环氧树脂或硅胶在光纤包层外面涂覆一层保护层,保护光纤不受水汽和各种有害物质的侵蚀,防止光纤被划伤,同时还可增强光纤的柔韧性,增加光纤的机械强度,提高抗老化性能。

4. 外保护套

在光纤涂覆层的外面再加一层保护套,即可构成一个完整的单根光纤。将多根光纤放在一个保护套内,按一定的结构排列就可构成光缆。加装外保护套除了可保护光纤不受损伤外,还可增加机械强度。为了提高光缆的抗拉性能,便于光缆的工程铺设,要在光缆内增设金属加强芯,特殊应用场合的光缆(如海底光缆)还要加装铠甲,做成铠装光缆,防止鱼类等海洋动物咬伤光缆,保证信息传输道路的畅通。

1.1.2 光纤的分类

光纤用来作为光信号传输的介质,根据传输特性、传输模式数量、制造光纤所用材料、纤芯折射率分布规律等,可将光纤按如下方式分类。

1. 根据制造光纤所使用的原材料分类

(1) 石英光纤。该光纤的纤芯和包层都是由高纯度的二氧化硅掺入适量杂质制成的,目前这种光纤的损耗最低,强度和可靠性最高,性能最优良,因此使用最广泛,但价格较高。石英光纤一般用 $GeO_2 \cdot SiO_2$ 或 $P_2O_5 \cdot SiO_2$ 做纤芯,用 $B_2O_3 \cdot SiO_2$ 做包层。

(2) 多组分玻璃纤维光纤。例如,用钠玻璃($SiO_2 \cdot Na_2O \cdot CaO$)掺入适当杂质制成的光纤,其损耗虽然较低,但强度和可靠性等方面还存在一些问题,有些技术问题还有待于解决。

(3) 塑料包层光纤。这种光纤的纤芯用石英玻璃制成,它的包层一般用硅树脂塑料来制作。

(4) 全塑光纤。该光纤的纤芯和包层都是由塑料制成的,其价格较低,但传输损耗较大,且可靠性也存在问题。

2. 按纤芯的折射率 n_1 径向分布分类

目前通信用光纤根据纤芯横截面上折射率的径向分布情况,可粗略分为阶跃型(Step Index,SI)折射率分布光纤(简称阶跃型光纤)和渐变型(Graded Index,GI)折射率分布光纤(简称渐变型光纤)两大类,这两类光纤不论是传输特性,还是制造工艺,都有很大差异。阶跃型折射率分布光纤的制造工艺较为简单,但传输时模间色散较大。渐变型折射率分布光纤传输时模间色散较小,但制造工艺较为复杂。

3. 按纤芯中传输模式数量分类

光纤按纤芯中传输模式数量分类,可分为能传输几百至上千个模式的多模光纤和只能传输一种模式的单模光纤。多模光纤的制造工艺成本较低,但存在模间色散。模间色散是造成波形失真的主要原因,所以多模光纤的传输速率不会太高。单模光纤因无模间色散,可用于高速传输系统。

1.1.3 多模光纤和单模光纤的结构及特点

1. 多模光纤

可以传播多种模式的光纤,称为多模(Multimode,MM)光纤。多模光纤根据折射率在纤芯和包层的径向分布情况,又可分为阶跃型多模光纤和渐变型多模光纤两类。它们的制造工艺、折射率的分布规律、传输特性是不同的。

1) 阶跃型多模光纤

阶跃型多模(Step Index Multimode,SIMM)光纤的折射率 n_1 在整个纤芯内保持不变,在纤芯与包层交界面处突然发生变化,由 n_1 变成 n_2,如图 1-5(a)所示。

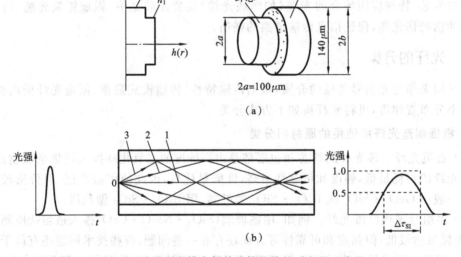

图 1-5 阶跃型多模光纤的结构及传输时色散示意图

阶跃型多模光纤的折射率分布为

$$n=\begin{cases} n_1 & (r<a) \\ n_2 & (a\leqslant r\leqslant b) \end{cases} \tag{1-1}$$

式中:r——光纤的径向坐标,$0\leqslant r\leqslant b$;

n_1、n_2——分别是纤芯与包层的均匀折射率,$n_1>n_2$。

阶跃型多模光纤的折射率在纤芯与包层的分界处($r=a$ 处)产生了阶跃式变化。阶跃型多模光纤的纤芯直径一般为 $d=2a=50\sim100~\mu m$。

光波在这种阶跃型多模光纤中传输的特点是模间色散 $\Delta\tau$ 太大,脉冲展宽厉害。其原因是纤芯的折射率分布均匀,各种模式的光波在纤芯中的传播速度是相等的,但不同模式的光波,各自的传播路径不同,所以同时进入光纤输入端的不同模式光波,传输到达光纤输出端时传播的路程长度各不相同,即到达光纤输出端的时间不同,产生了时间延迟差,形成模间色散,如图 1-5(b)所示。

从图 1-6 可以看出,传输距离最短的是最低次模(基模),它沿光纤轴心传输(图 1-6 中的中心虚线位置),设其传输距离为 L,传输距离最长的是最高次模式的光波,即芯包交界处入射角为临界角 θ_c 的那种模式,其接收角为 θ_{max},传输距离为 $L/\sin\theta_c$,最大群延迟时间 $\Delta\tau_{max}$ 为

$$\Delta\tau_{max}=\Delta L/v=[(L/\sin\theta_c)-L]/(c/n_1)=Ln_1(1/\sin\theta_c-1)/c$$

$$=Ln_1(n_1/n_2-1)/c=\frac{Ln_1}{c}\cdot\frac{n_1-n_2}{n_2}\approx\frac{Ln_1}{c}\cdot\Delta \qquad (1\text{-}2)$$

式中:ΔL——基模与最大模式光波的传输光程差;

　　　v——光波在纤芯内的传播速度,$v=c/n_1$;

　　　c——真空中的光速;

　　　Δ——光纤的相对折射率差,$\Delta=(n_1-n_2)/n_2$,也是光纤的一个重要参数。

由于 n_1 与 n_2 近似相等,即 $n_1/n_2\approx1$,所以单位距离($L=1$ km)的最大延时为

$$\Delta\tau_{max}\approx\frac{1}{c}n_1\Delta \qquad (1\text{-}3)$$

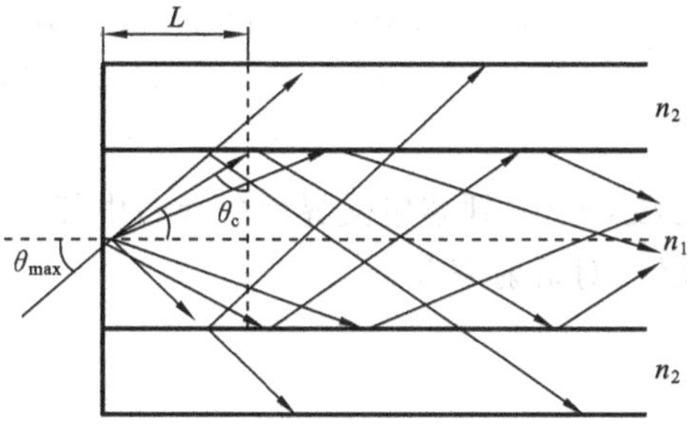

图 1-6　阶跃型多模光纤中各种模式的传输路径

由式(1-3)可以看出,光纤的时延差与 Δ 成正比,Δ 越大,时延差越大,从减小光纤时延差的观点上看,希望 Δ 较小为好。这种 Δ 小的光纤称为弱导光纤,通信用光纤都是弱导光纤。色散延时的存在,限制了阶跃型多模光纤的传输带宽,使它的传输带宽 B 与距离 L 的乘积,即带宽距离积 BL 一般小于 200 MHz·km,这是阶跃型多模光纤的主要缺点。因为阶跃型多模光纤的传输带宽较窄,所以仅作为短距离通信网的传输介质。

2) 渐变型多模光纤

渐变型多模(Graded Index Multimode,GIMM)光纤,其纤芯的折射率沿径向而不是均匀分布的,即纤芯的折射率不是一个常数 n_1,纤芯中心的折射率最大,而沿纤芯半径方向其折射率逐渐减小,至芯包交界面处降为包层折射率 n_2,如图 1-7 所示。从图 1-7 还可看出,各阶模在渐变型多模光纤中传输时,低次模的光传输路程短,但越靠近纤芯中心,材料的折射率越大,光传输的速度越低;高次模的光传输路程长,但越偏离纤芯中心,材料的折射率越小,光传输的速度越快。所以,尽管高次模式的光波与低次模式的光波通过纤芯时的光程不相同,但它们的传输时间有可能相同。合理设计纤芯的折射率分布,使沿轴心附近传输的低次模和沿纤芯周边附近传输的高次模在光纤中的传输时间相等,那么这种光纤中各种模式的光传输的延时时间差就会大大减小。例如,渐变型多模光纤的脉冲展宽可减小到仅有阶跃型多模光纤的 1/100 左右。

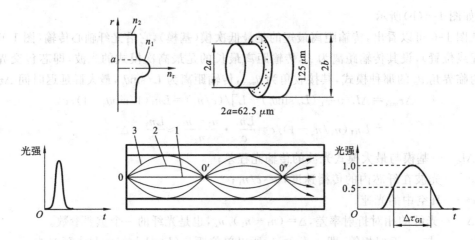

图 1-7　渐变型多模光纤的结构及传输色散示意

渐变型多模光纤的折射率分布为

$$n(r)=\begin{cases}n_1[1-2\Delta(r/a)^g]^{1/2} & (r<a)\\ n_2 & (a\leqslant r\leqslant b)\end{cases}\qquad(1\text{-}4)$$

式中：a——纤芯半径；

$\qquad r$——表示从光纤轴心处（$r=0$）到芯包交界面（$r=a$）中任一点的距离（μm）；

$\qquad \Delta$——光纤的纤芯包层相对折射率差；

$\qquad b$——包层半径；

$\qquad g$——折射率分布指数。

当 $g=+\infty$ 时，即为阶跃型多模光纤。所以，阶跃型多模光纤是渐变型多模光纤的特例。

渐变型多模光纤的最佳折射率分布要通过非常复杂的计算才能求得，但在工程上常常作简化处理。理论和实践都证明，当光纤折射率分布指数 $g\approx2$ 时，群延时差减至最小，这时纤芯的折射率分布接近为抛物线分布。渐变型多模光纤的纤芯的折射率是连续变化的，光波在其中的传输过程可以理解为光在多层反射面的折射过程，如图 1-8 所示。

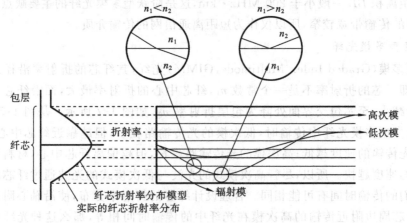

图 1-8　渐变多模光纤中光的传输模型

对于渐变型多模光纤,色散延时比阶跃型多模光纤色散延时小得多,它的传输带宽距离乘积一般可达 $0.2 \sim 2 \, \mathrm{GHz \cdot km}$,传输比特速率距离乘积可达 $0.3 \sim 10 \, \mathrm{Gb \cdot km/s}$,当传输比特速率为 100 Mb/s 时,传输距离可达 100 km,渐变型多模光纤信息的传输容量比阶跃型多模光纤的传输容量大 $100 \sim 200$ 倍。尽管如此,在考虑多种因素的影响时,对于传输比特速率为 620 Mb/s ~ 2.5 Gb/s,中继距离为 30 km 以上的干线通信系统,仍不能满足要求。长距离高速率传输系统,采用带宽极大的单模光纤作为传输介质最为合适。

2.单模光纤

在一根光纤中只能传输一种模式的光纤称为单模光纤,其折射率的分布为阶跃型,但其纤芯很细,通常纤芯直径 $d = 2a = 8 \sim 10 \, \mu\mathrm{m}$。单模光纤只传输 $m = 0$ 的基模,所以模间色散为零,其总的传输色散很小,带宽极大。

在单模光纤中,光波沿纤芯的轴线直线传播,图 1-9 所示的是单模光纤的结构及传输时色散示意图。为了调整通信系统的工作波长或改变色散特性,目前已经研制出各种结构复杂的单模光纤,如色散移位光纤、非零色散移位光纤、色散补偿光纤以及工作于 1550 nm 的衰减最小的光纤等。

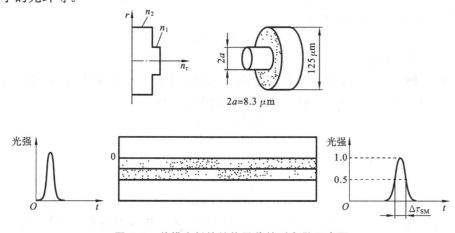

图 1-9　单模光纤的结构及传输时色散示意图

由于单模光纤的色散小,传输带宽很宽,衰减较小,所以单模光纤主要用于长距离传输的高速网。单模光纤的问题是纤芯直径很小,其制造工艺较复杂,将光发射机发出的光信号耦合进光纤也比较困难,光功率的耦合效率较低。

表 1-1 列出了阶跃型多模光纤、渐变型多模光纤和阶跃型单模光纤的一些传输特性参数。

表 1-1　几种常用光纤的特性比较

	阶跃型多模光纤	渐变型多模光纤	阶跃型单模光纤
$\Delta = (n_1 - n_2)/n_1$	0.02	0.015	0.003
纤芯直径/$\mu\mathrm{m}$	100	62.5	8.3
包层直径/$\mu\mathrm{m}$	140	125	125
数值孔径	0.3	0.26	0.1
带宽距离积 /MHz·km	$20 \sim 100$	$0.3 \sim 3$	>100(数字通信)

	阶跃型多模光纤	渐变型多模光纤	阶跃型单模光纤
衰减/(dB/km)	对于 850 nm 的光波:4~6 对于 1300 nm 的光波:0.7~1	对于 850 nm 的光波:3 对于 1300 nm 的光波:0.6~1 对于 1500 nm 的光波:0.3	对于 850 nm 的光波:1.8 对于 1300 nm 的光波:0.34 对于 1550 nm 的光波:0.2
所采用光源	LED	LED、LD	LD
典型应用系统	近距离通信或用户接入网	本地网、宽带网	长距离通信干线传输

1.1.4　光纤的几何尺寸参数

光纤的几何尺寸包括芯径、不同心度和不圆度。

通信用标准多模光纤的芯径为 $50~\mu m$,单模光纤芯径为 $7\sim10~\mu m$,而包层直径均为 $125~\mu m$。非标准光纤的芯径从几十微米到几百微米不等。塑料光纤的芯径甚至可达数毫米。

光纤的不同心度是衡量纤芯和包层是否同心的参数,若两者中心相距为 y,则包层相对于纤芯的不同心度可用 $C_{Co/Cl}$ 表示为

$$C_{Co/Cl} = y/D_{Co} \tag{1-5}$$

式中:D_{Co}——纤芯直径。

光纤的不圆度则是衡量纤芯及包层截面偏离圆形截面程度的参数,若测得纤芯截面长短轴直径分别为 D_{Comax} 和 D_{Comin},则纤芯的不圆度用 N_{Co} 表示为

$$N_{Co} = \frac{2(D_{Comax} - D_{Comin})}{D_{Comax} + D_{Comin}} \tag{1-6}$$

同理,对于包层,不圆度 N_{Cl} 为

$$N_{Cl} = \frac{2(D_{Clmax} - D_{Clmin})}{D_{Clmax} + D_{Clmin}} \tag{1-7}$$

光纤的不同心度和不圆度对于光纤的连接与耦合是很重要的参数。为取得低的连接损耗,在选用光纤时要求光纤具有尽量小的不圆度和不同心度。在单模光纤自动焊接工艺中,对这两个参数的要求尤为苛刻。

1.1.5　相关参数的测量

1. 光纤几何参数的测量

光纤几何形状的标准化对得到最小的耦合损耗是很重要的,严格地说,避免耦合损耗只要求纤芯的几何形状相同。但实际上大多数做接头和连接器时,往往用外(包层)表面作为纤芯对准的参考,因此也要求有均匀的外直径。光纤是规定为圆对称结构的,表征光纤几何特性的参数包括纤芯直径、包层直径、纤芯不圆度、包层不圆度和不同心度。这些参数可以分项测量,也可以一起综合测量。常用的方法有折射近场法、近场法和四圆容差域法。

折射近场法是直接测量光纤横截面上的折射率分布曲线来确定几何尺寸参数的测量方法;近场法是以扫描被测光纤输出端的放大像面为基础的测量方法;四圆容差域法是把光纤样品横截面的纤芯区和包层区与四圆容差域样板做比较,以此来检验光纤几何参数是否符

合规定的一种简单方法。

实际上,光纤的几何参数和标准值的偏差分别用单个参数来规定并不都是合适的。现场光纤接续时,这些偏差可能是合成的,也可能是相互补偿的,所以接头损耗是所有单个参数偏差的综合结果。因此,有人主张增加一个称为"本征质量因数"(Intrinsic Quality Factor,IQF)的新参数,使同时出现的所有参数的偏差得到认可,并利用 IQF 作为光纤几何参数和光学参数偏差总检验的方法。

2. 光纤折射率分布的测量

多模光纤和单模光纤的光学特性主要取决于光纤剖面的折射率分布,了解和掌握折射率分布是光纤测量的一个重要内容。折射率分布的测量方法有干涉法、聚焦法、前向散射法、反射法、近场扫描法、折射近场法等。精确度和重复性较好的折射近场法和近场扫描法分别被原 CCITT 接受为基准测试方法和替代测试方法。下面主要介绍这两种方法。

1）折射近场法

折射近场(Refracted Near Field)法是根据光纤折射模(折射光)功率与折射率 $n(r)$ 成正比而建立起来的测试方法。折射模是指通过光纤的边界辐射的模,而不是传导的模。折射近场法示意图如图 1-10 所示。测试时把光纤样品的一端浸入盛有折射率匹配液的盒子中,匹配液的折射率稍高于光纤包层折射率,这样,任何不为纤芯传导而逸出包层的光不被反射出来。一个数值孔径比光纤数值孔径大许多的透镜把激光束聚焦成一个非常小的光斑入射到光纤端面上,于是在光纤中激励起传导模、漏模和折射模。传导模和部分漏模沿光纤传输,而其余部分则从光纤辐射出去呈现一个似空心圆锥的输出光锥,光锥的内层包含有漏模,而外层只有折射模。如果用一个遮光盘吸收光锥内层含有漏模的光,只收集外层的折射光并会聚到检测器,于是当注入光斑沿平整的光纤端面直径扫描时,由于不同位置的局部折射率 $n(r)$ 不同,因此检测到的折射模功率也就不同,由测绘出的折射模功率分布就可直接得到折射率变化曲线。

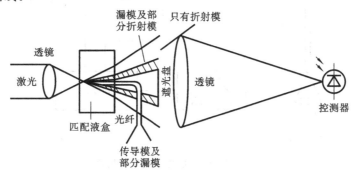

图 1-10　折射近场法示意图

2）近场扫描法

近场扫描法又称为近场图(Near Field Pattern)法。它基于下面一个事实:当非相干光入射到光纤端面时,假定在整个端面上的各单位立体角的入射功率都相等,即所有模都是均匀激励的,而且所有模都经受相同的衰减,同时模式变换达到平衡分布或稳态,那么光纤出射

端面上的导模功率分布将取决于该点的数值孔径,即

$$P(r) = P(0)c(r,z) \cdot \frac{n^2(r) - n_2^2}{n_1^2 - n_2^2}$$ (1-8)

式中：$P(0)$——光纤中轴线上探测到的光功率;

$\quad\quad n_2$——包层折射率;

$\quad\quad n_1$——光纤中心处的折射率;

$\quad\quad c(r,z)$——为考虑到漏模的影响而引入的修正因子。

要求取修正因子 $c(r,z)$ 的值十分烦琐,一般可根据对不同类型光纤的数值计算结果的图表查到。实际上光纤纤芯/包层间的折射率差很小,因此,设

$$n(r) = n_2 + \Delta n(r)$$ (1-9)

则上式可改写为

$$\frac{P(r)}{P(0)} = \frac{2n_2}{n^2(0) - n_2^2} \cdot \Delta n(r)$$ (1-10)

由式(1-10)可知,$P(r)$ 的变化规律和 $n(r)$ 的变化规律近似,$P(r)$ 与 $\Delta n(r)$ 成正比,也就是说,在稳态模式功率分布的条件下,光纤输出端近场功率分布是与折射率差成正比的。所以在光纤输出端近场沿直径扫描测量近场功率分布,得到光纤沿直径的相对折射率变化曲线,就能测得光纤的折射率剖面的 a 参量。根据这个原理建立起来的对光纤相对折射率分布进行测量的方法,称为近场扫描法。由于这个方法测量的是传导模,与折射近场法测量折射模不同,所以也称为传导近场法,这种方法测量光纤折射率分布的系统如图 1-11 所示。

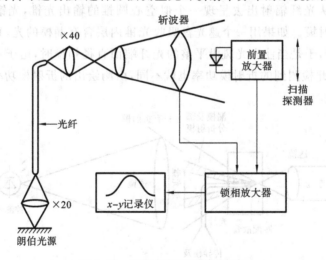

图 1-11　近场扫描法测量装置图

从严格的定量精度来说,近场扫描法比折射近场法的精度要差些,所以近场扫描法是替代方法,而折射近场法是基准方法。

1.1.6　知识应用

由于光纤在通信中的重要应用,光纤的标准化问题一开始就受到世界各国重视。为了统一光纤标准,原国际电报电话咨询委员会(CCITT)确定了相应的建议,其关于光纤的类型

和几何特性的要求分别如表 1-2、表 1-3、表 1-4 所示。

表 1-2 多模光纤类型

类　　别	材　　料	类　　型
A_1	玻璃纤芯/玻璃包层	渐变型
$A_{2,1}$	玻璃纤芯/玻璃包层	准阶跃型
$A_{2,2}$	玻璃纤芯/玻璃包层	阶跃型
A_3	玻璃纤芯/塑料包层	阶跃型
A_4	塑料光纤	—

表 1-3 单模光纤类型

类别	特　　点	最佳工作波长	折射率分布
$B_{1,1}$	1300 nm 附近零色散 $\lambda_c < 1300$ nm 1300 nm 附近零色散 1300 nm $< \lambda_c <$ 1550 nm	1310 nm 1550 nm	近似阶跃 近似阶跃
$B_{2,1}$ $B_{2,2}$	波长色散控制	零色散在 1550 nm 附近宽 波长范围内低色散	各种折射率分布
B_3	偏振保持光纤	—	—

表 1-4 光纤几何参数的特殊要求

参　　数	A_1	$B_{1,1}$
纤芯直径/μm	$50 \times (1+6\%)$	—
模场直径/μm	—	$(9 \sim 10) \times (1 \pm 10\%)$
包层直径/μm	$125 \times (1+2.4\%)$	$125 \times (1+2.4\%)$
纤芯不圆度	$<6\%$	—
模场不圆度	—	$<6\%$
包层不圆度	$<2\%$	—
纤芯/包层不同心度误差/μm	<6	—
模场/包层不同心度误差	—	取决于接续技术,应在 0.5~3.0 μm

1.2　光在光纤中传输的基本性质

对电信号来说,只要把放大器的输出端与传输线连接起来,电信号就被送入线路中;而对光通信来说,情况就比较复杂。光源发出的光照射在光纤端面上,照射在光纤端面上的光的一部分是不能进入光纤的,如其中的一部分从光纤端面反射掉了,能进入光纤端面的光也不一定能在光纤中传播,只有符合某一特定条件的光才能在光纤中发生全反射而传到远方。

根据纤芯直径 d 与所传输光波的波长 λ 之比 (d/λ)，光纤的传输原理可用几何光学理论和波导理论进行分析。对于多模光纤，d/λ 远大于波长 λ，可用几何光学的光线传输理论来分析光纤的导光原理和传输特性。对于单模光纤，d/λ 与波长 λ 在同一个数量级，必须用波导理论来分析导光原理和传输特性。

1.2.1 光在光纤中的传输条件

只有当入射角 θ_i 大于临界角 θ_c 的光线，才能在纤芯与包层的交界面处形成全反射，且经过不同路径的光在光纤内只有相长干涉，才能在光纤中传输；否则由于折射泄漏或相消干涉，随着传输路程的增长，光功率很快减弱，在光纤中不可能传输太远的距离。

对于特定的光纤结构，只有满足一定条件的光（电磁波）才可以在光纤中进行有效的传输，这些特定的电磁波称为光纤模式。在同一光纤中传输不同模式的光，其传播方向、传输速度和传输路径不同，其衰减也不同。观察与光纤垂直的横截面，就会看到不同模式的光波在横截面上光强分布图形也不同，有的是一个亮斑，有的分裂为几个亮点。

1. 光纤的接收角与数值孔径

1) 最大接收角 α_{max}

光线从空气介质 n_0 中以不同的角度 α 从光纤端面耦合进入纤芯 n_1 时，有的光可以在光纤中传输，有的光不能在光纤中传输，其示意图如图 1-12(a) 所示。由于 $n_0 < n_1$，从图中可以看出，不是所有角度入射的光线都能进入纤芯，并在纤芯内进行传输，只有在一定角度范围内的光射入纤芯内时，产生的反射光符合一定的条件才能在纤芯内传输。众所周知，只有入射角 θ_i 大于临界角 θ_c 时，所对应的最大接收角 α_{max} 以内的光线才能进入光纤，并在光纤内传输，不符合上述条件的，如图中的光线 B 就不能在纤芯内传输。从图 1-12(b) 所示的几何关系不难看出，在光从空气进入纤芯的交界面处(O 点)时，有

$$\sin\alpha_{max}/\sin\theta_1 = \sin\alpha_{max}/\sin(90°-\theta_c) = n_1/n_0$$

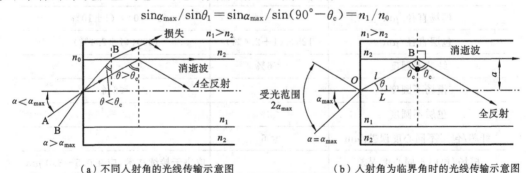

(a) 不同入射角的光线传输示意图　　　　(b) 入射角为临界角时的光线传输示意图

图 1-12　最大接收角示意图

由全反射时的 $\sin\theta_c = n_2/n_1$，代入上式，可得

$$\sin\alpha_{max} = (n_1^2 - n_2^2)^{1/2}/n_0 \tag{1-11}$$

当光线从空气进入光纤时，$n_0 = 1$，所以 $\sin\alpha_{max} = (n_1^2 - n_2^2)^{1/2}$，则

$$\alpha_{max} = \arcsin[(n_1^2 - n_2^2)^{1/2}] \tag{1-12}$$

2) 光纤的数值孔径 NA(Numerical Aperture)

$$NA = (n_1^2 - n_2^2)^{1/2} \approx n_1\sqrt{2\Delta} \tag{1-13}$$

式中：Δ——$\Delta = (n_1 - n_2)/n_1$，是光纤的纤芯包层相对折射率差；

　　n_1, n_2——纤芯和包层的折射率。

光纤的数值孔径 NA 定义为入射媒介折射率 n_0 与最大接收角的正弦值之积。

所以有 $NA = n_0 \sin\alpha_{max}$，当 $n_0 = 1$ 时，有

$$\sin\alpha_{max} = NA \tag{1-14}$$

光纤的数值孔径的大小表征了光纤接收光功率能力的大小，只有落入以最大接收角 α_{max} 为半锥角的锥形区域之内的光线才能为光纤所接收，故 α_{max} 也称为光纤的"孔径角"。标准多模光纤的数值孔径为 0.2，其孔径角为 11.5°；标准单模光纤的数值孔径为 0.1～0.15，其孔径角为 5.7°～8.6°。

3）光纤的总接收角 α

如图 1-12(b)所示，光纤的总接收角定义为最大接收角的 2 倍，即 $2\alpha_{max}$ 称为入射光线的总接收角，即光纤的接收角 $\alpha = 2\alpha_{max}$。

2. 光纤的 V 参数

对于阶跃型光纤，可以用 V 参数来反映其基本特性，V 参数也称归一化频率，其表达式为

$$V = 2\pi a (n_1^2 - n_2^2)^{1/2}/\lambda = 2\pi a n_1 (2\Delta)^{1/2}/\lambda = 2\pi a NA/\lambda \tag{1-15}$$

式中：λ——自由空间的工作波长；

　　a——纤芯半径；

　　n_1, n_2——纤芯和包层的折射率；

　　NA——光纤的数值孔径；

　　Δ——纤芯和包层的相对折射率差。

V 参数与光纤的几何尺寸 $2a$、光纤的折射率 n_1 和 n_2 有关，所以 V 参数是描述光纤特性的重要参数。当 $V < 2.405$ 时，只有一种模可通过光纤进行传输，当减少纤芯直径使 V 参数进一步减小时，光纤内仍能支持这种模，但是该模进入包层的场强增加了，因此该模式的一些光功率被损失掉了。一般单模光纤比多模光纤具有更小的纤芯直径和较小的相对折射率差 Δ。

3. 光纤的截止波长 λ_c

当 $V > 2.405$ 时，假如光源的波长 λ 足够小，高阶模也将在光纤内传输，所以光纤变成多模光纤，λ_c 是单模传输的最小波长，称为截止波长，所以单模光纤的截止波长 λ_c 可由

$$V = 2\pi a (n_1^2 - n_2^2)^{1/2}/\lambda_c = 2.405$$

得出 $\lambda_c = 2\pi a (n_1^2 - n_2^2)^{1/2}/2.405$；当 $V > 2.405$ 时，模式数量增加很快。

光纤传导模的总数可以表示为

$$N = \frac{V^2}{2} \cdot \frac{g}{2+g} \tag{1-16}$$

式中：g——光纤折射率分布指数。

在阶跃型多模光纤中，$g \to +\infty$，光纤中传输的模式数量为

$$N \approx V^2/2 \tag{1-17}$$

在渐变型多模光纤中，$g \approx 2$ 时，光纤中传输的模式数量为

$$N \approx V^2/4 \tag{1-18}$$

由此可看出，渐变型多模光纤的传输模式数量大约是阶跃型多模光纤的一半。光纤中传输的模式数量越多，模间色散就越大，严重地影响了光纤带宽，使传输信息量受到限制。当然，光纤中只允许一个模式传输就没有模式色散了，这就是单模光纤。

4. 单模光纤的基本特性

1) 单模传输条件

单模光纤的传输条件是光纤的归一化频率 $V < 2.405$，即光工作波长 $\lambda > \lambda_c$ 时，其他模式的光均被截止，只有基模的光在光纤中传输。

LP_{01}

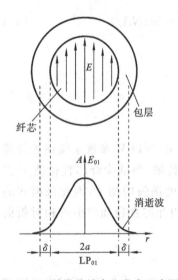

LP_{01}

图 1-13　基模传输电场分布示意图

光纤是否单模工作，要由归一化频率和工作波长来决定。同一根光纤，工作波长较短时可能是多模工作。当工作波长增加到一定范围，又可能变成单模光纤。例如，某阶跃型光纤，其纤芯的折射率 $n_1 = 1.46$，芯半径 $a = 4.5$ μm，纤芯包层相对折射率差 $\Delta = 0.25\%$，按 $V = 2.405$ 算得 $\lambda_c = 1.21$ μm。因此，光纤通信常用 1.31 μm、1.55 μm，它是单模工作。如果令其工作波长为 0.85 μm，就会失去单模特性。

2) 场结构和模场直径 $2w$

光纤单模传输时，电场在纤芯的分布、光强在纤芯截面的分布及电场随光纤半径的分布如图 1-13 所示，图中 δ 是光功率穿进光纤包层的深度。

定义模场直径（Mode Field Diameter，MFD）为

$$2w = 2a + 2\delta \tag{1-19}$$

模场直径 $2w$ 与纤芯半径 a 及 V 参数的关系为

$$2w \approx 2a(V+1)/V \tag{1-20}$$

1.2.2　相关参数的测量

1. 光纤数值孔径的测量

1) 折射近场法

从已学的知识可知，只要测出光纤的折射率分布曲线，就可以计算出光纤最大理论数值孔径 NA_{max}。因此，光纤折射率分布的测量方法也是 NA_{max} 的测量方法，其中折射近场法是基准测试方法。但这些方法只适用于光纤折射率分布较为规则的情况，如果折射率分布的测量结果出现不规则，采用这种方法可能比较困难，这时候可以采用下面的方法来测量数值孔径。

2) 远场法

渐变型多模光纤的最大理论数值孔径，也可用测量光纤辐射远场图来确定。因为远场辐射强度（每单位立体角的光功率）达到稳态分布时，辐射强度 P 根据 Gloge 的推导有下面

的关系：

$$\frac{P(\theta)}{P(0)} = \left[1 - \frac{\sin^2\theta}{2n_1^2\Delta}\right]^{2/g} = \left[1 - \frac{\sin^2\theta}{NA_{\max}^2}\right]^{2/g} \tag{1-21}$$

式中：θ——探测器偏离光纤轴线的夹角（远场角）；

$P(\theta)$、$P(0)$——θ 处和轴线上的辐射强度；

g——光纤折射率分布指数；

$NA_{\max}$——要测量的最大数值孔径。

令 $P = P(\theta)/P(0)$，NA_s 表示在远场角处的远场强度 $P(\theta)$ 与最大远场强度 $P(0)$ 的比值为 P 时的远场强度数值孔径，则可得

$$NA_s = (\sqrt{1 - P^{g/2}})NA_{\max} \tag{1-22}$$

根据式(1-22)可以通过测量远场强度数值孔径 NA_s 来推定光纤的最大数值孔径，测量装置如图 1-14 所示。图中匹配液的作用是防止光线向包层外辐射，以避免光检测器测到的不是从光纤输出端面辐射出的远场功率。光源为非相干光源，否则出射光模式的相干作用将会使远场图形成散斑，影响测试结果。光源在测试时间内应保持位置、强度和波长的稳定。

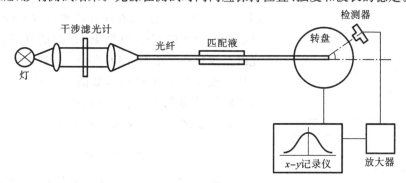

图 1-14 远场强度分布测试系统

2. 截止波长的测量

截止波长是单模光纤的本征参量，也是单模光纤最基本的参数。由光纤传输理论可知，要保证单模传输，就要使光纤的归一化频率 V 值足够小，只有当工作波长大于单模光纤的截止波长 λ_c 时，才能保证单模工作。

测量截止波长的方法很多，有传导功率法、模场直径法、偏振分析法、传导近连法等。其中，传导功率法和模场直径法分别被原 CCITT 建议作为基准测试法和替代测试法。

1）传导功率法

传导功率法是一种由光纤的传导功率与波长的关系曲线来确定截止波长的方法。它的测量原理是：纤芯包层交界面缺陷、纵向不均匀性、光纤弯曲等因素均会引起光纤的附加损耗，尤其在截止波长附近，这些因素对高次模的衰减影响极大。当工作波长稍低于理论截止波长时，光纤中激励的高次模急剧衰减。传导功率法就是利用这个急剧衰减的位置来决定截止波长的。测量时用待测光纤的传输功率谱与参考传输功率谱相比较来定出截止波长。引进参考传输功率是为了排除整个测量系统由于波长的起伏所造成的影响。获得参考传输功率的方法有两种：一种是将待测光纤样品打一半径为 30 mm 的圈作为参考光纤；另一种是

用一根 1~2 m 长的多模光纤作为参考光纤。下面以第一种方法为例介绍测量过程,传导功率法测量原理如图 1-15 所示。

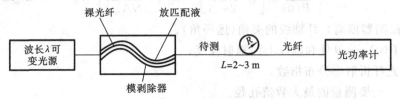

图 1-15　传导功率法测量原理图

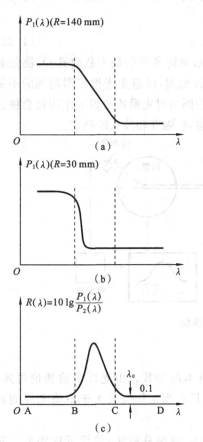

图 1-16　传导法的测量结果

图 1-15 中采用包层模剥除器有利于将包层模变成辐射模从光纤中逸出,以避免包层模的影响。测量时分三个步骤进行:首先,将 2 m 长的待测光纤接入测量系统中,并将其打一个固定的圈,圈的半径 $r=140$ mm,整根光纤上要避免出现弯曲半径小于 140 mm 的任何弯曲;接着,改变波长,测得传输功率-波长曲线 $P_1(\lambda)$,如图 1-16(a) 所示;然后,在同样的波长范围内测出参考光纤的传导功率谱,即保持测 $P_1(\lambda)$ 时的激励状态不变,将光纤至少打一个小圈,圈的半径 r 的典型值为 30 mm,测出传导输出功率谱 $P_2(\lambda)$,如图 1-16(b) 所示。设 $R(\lambda)$ 为光纤传导功率与参考传导功率之比,则可得到光纤的弯曲损耗随波长的变化关系 $R(\lambda)$ 为

$$R(\lambda)=10\lg\frac{P_1(\lambda)}{P_2(\lambda)} \tag{1-23}$$

在图 1-16(c) 中,A—B 段波长较短,基模和高次模的光都能顺利通过光纤,所以损耗较小,$P_1(\lambda)$ 和 $P_2(\lambda)$ 的变化都比较平坦且有相近的规律,$R(\lambda)$ 也很平坦且近于零;在 C—D 段,由于波长大于截止波长,高次模已经截止没有被激发,只存在基模光传输,所以损耗也较小,$P_1(\lambda)$ 和 $P_2(\lambda)$ 变化规律一致,这一波长范围内的 $R(\lambda)$ 很平坦且近于零;但在 B—C 段,由于波长接近截止波长,光纤中既存在基模又存在高次模,但在光纤以小半径弯曲时高次模衰减严重,结果 $P_2(\lambda)<P_1(\lambda)$,因此损耗曲线出现一个尖峰,通常定义 $R(\lambda)$ 下降到 0.1 时的波长即为截止波长。

2) 模场直径法

模场直径法是用模场直径随波长变化的曲线来确定截止波长的方法。它的测量原理是:在工作波长大于截止波长的一定区域内,基模的模场直径几乎随波长降低而线性地减小。由于高次模在光纤中的分布范围比基模更向外扩展,而在截止波长附近特别是在稍小于有效截止波长的一侧,光纤处于单模和双模传输的过渡阶段,在此过渡区内,随着波长的降低,光纤中高次模的成分急剧增加。因此,在截止波长附近模场直径会突然增加。利用这

种突变可以精确地测量截止波长。

测量模场直径的方法很多，下面介绍的各种方法这里都可采用。由 $w(\lambda)$ 曲线就可以确定截止波长 λ_c，而且还能确定任意折射率分布单模光纤的等效阶跃分布参数、估算单模光纤的色散值及其他单模光纤特性参数。

3. 模场直径的测量

单模光纤中基模场强在光纤的横截面内有一特定分布，这个分布与光纤的结构有关，光功率被约束在光纤横截面一定范围内。模场直径就是衡量这个范围的物理量，它是衡量单模光纤的一个重要参数。对光纤模场直径及其对称性的测量，目的在于确定单模光纤内光功率的分布范围及其同轴性。

一根单模光纤的模场直径不仅因测量方法的不同而异，而且还受模场直径定义的影响。目前已提出的多种测量方法中，常用的有横向位移法、刀刃扫描法、重合积分法及传输场法。原 CCITT 建议了两种模场直径的定义及其相应的测量方法，即横向偏移法和传输场法。下面主要介绍横向偏移法。

横向偏移法是由光纤活动接头的耦合效率与横向失配量的关系曲线来决定模场直径的一种方法。与横向偏移法相应的模场直径的严格定义如下：模场直径是功率传输函数与横向偏移量关系曲线上最大值的 $1/e^2$ 处所决定的宽度。一个横向偏移法测量系统如图 1-17 所示，图中滤模器的作用是滤除高阶模。

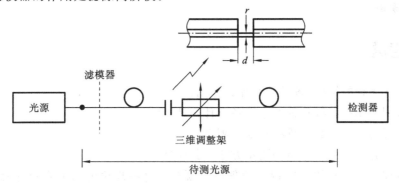

图 1-17　横向位移测量原理图

测量时，先将长约 2 m 的待测光纤截成两段，要求对接面平整、干净且垂直于轴线，然后将两段光纤对准（端面间距应小于 5 μm），使输出功率最大，接着沿光纤横向扫描，测出输出功率随位移的变化而变化的关系，在接收功率从最大值下降到 $1/e^2$ 时的位移量即为模场直径。

4. 知识应用

例 1-1　某阶跃型多模光纤的纤芯折射率 $n_1 = 1.480$，包层的折射率 $n_2 = 1.460$，该光纤的纤芯直径 $d = 2a = 100$ μm，设光源所发出的光波长 $\lambda = 850$ nm，计算从空气（$n_0 = 1$）射入该光纤内时，该光纤的数值孔径 NA、最大接收角 α 和模式数量 N 为多少？

解　该光纤的数值孔径　$NA = \sqrt{n_1^2 - n_2^2} = \sqrt{1.480^2 - 1.460^2} = 0.2425$

由 $\sin\alpha_{max} = NA = 0.2425$ 可得 $\alpha_{max} = 14°$，所以最大可接收角 $\alpha = 2\alpha_{max} = 28°$

归一化频率　$V = \dfrac{2\pi a}{\lambda} NA = \dfrac{2 \times 3.14 \times 50}{0.85} \times 0.2425 = 89.6 \gg 2.405$

所以模式数量　$N \approx \dfrac{V^2}{2} = \dfrac{89.6^2}{2} = 4012$

例 1-2　某光纤的纤芯折射率 $n_1 = 1.458$，纤芯直径 $d = 2a = 7 \ \mu m$，包层折射率 $n_2 = 1.452$，包层直径 $2b = 125 \ \mu m$，当光源所发出的光波长 $\lambda = 1.3 \ \mu m$ 时，计算该光纤单传输的截止波长 λ_c、V 参数和模场直径 $2w$ 各为多少？

解　对于单模式，该光纤的 V 参数为

$$V = \frac{2\pi a}{\lambda} \sqrt{n_1^2 - n_2^2} \leqslant 2.405$$

则

$$\lambda \geqslant \frac{2\pi a \sqrt{n_1^2 - n_2^2}}{2.405}$$

将 $a = d/2 = 7 \ \mu m/2 = 3.5 \ \mu m$、$n_1 = 1.458$ 和 $n_2 = 1.452$ 代入上式可得 $\lambda \geqslant 1.208$，即当光源波长 $\lambda < 1.208$ 时，将导致多模传输。

当 $\lambda = 1.3 \ \mu m$ 时，$V = \dfrac{2\pi a}{\lambda} \sqrt{n_1^2 - n_2^2} = \dfrac{2 \times 3.14 \times 3.5}{1.3} \sqrt{1.458^2 - 1.452^2} = 2.235$

模场直径　$2w \approx 2a(V+1)/V = [7 \times (2.235+1)/2.235] \ \mu m = 10.13 \ \mu m$

由计算值可见，$2w = 10.13 \ \mu m < 125 \ \mu m$，光功率没有穿透包层，所以没有因光泄漏而造成串音干扰现象。

1.3　思考题

1-1　简述光纤的结构，各部分有什么作用？

1-2　常用的光纤有哪几种？它们各有什么特点？

1-3　光纤的几何参数有哪些？如何测量？

1-4　简述光纤折射率分布的测量方法及其原理。

1-5　研究光纤中光的传输特性的理论有哪些？这些理论的研究重点是什么？适用范围如何？

1-6　假设阶跃型光纤 $n_1 = 1.48$，$n_2 = 1.478$，此光纤的数值孔径为多大？如果光纤端面外介质折射率 $n_0 = 1$，则允许的最大接收角 α 为多少？

1-7　一根数值孔径为 0.20 的阶跃型多模光纤在 850 nm 波长上可以支持 1000 种左右的传播模式。试问：

(1) 其纤芯半径为多少？

(2) 在 1310 nm 波长上可以支持多少种模式？

(3) 在 1550 nm 波长上可以支持多少种模式？

1-8　光纤制造商想制备石英纤芯的阶跃型光纤，其 $V = 75$，数值孔径 $NA = 0.30$，工作波长为 820 nm，如果 $n_1 = 1.458$，则纤芯尺寸应为多大？包层折射率 n_2 为多少？

1-9　SI 光纤的 $n_1 = 1.465$，$n_2 = 1.46$，$V = 2.4$，$\lambda = 850 \ nm$，计算纤芯直径、NA 和模场直径。

第 2 章　光纤的基本特性

◆ 本章重点
  ¤ 光纤的损耗系数
  ¤ 光纤的损耗分类
  ¤ 光纤损耗的测量
  ¤ 光纤的群速度
  ¤ 光纤的色散特性
  ¤ 光纤的机械特性与温度特性

光纤(Optical Fiber)是光导纤维的简称,是一种纤芯折射率 n_1 比包层折射率 n_2 高的同轴圆柱形电介质波导。图 2-1 所示的是几种光纤产品。光纤的基本特性包括结构特性、光学特性及传输特性。结构特性主要是指光纤的几何尺寸;光学特性包括折射率分布、数值孔径等;传输特性主要是指光纤的损耗特性、光纤的色散特性、光纤的双折射和偏振特性、光纤的非线性特性、光纤的机械特性和温度特性等。本章将重点介绍光纤的传输特性。

裸光纤丝

光纤连接跳线

光缆断面

光纤生产车间

图 2-1　几种光纤产品形式

2.1　光纤的损耗特性

光纤的传输损耗特性是决定光纤通信网络传输距离、传输稳定性和可靠性的最重要因素之一,较大的传输损耗会带来信息的衰减。光纤传输损耗产生的原因是多方面的,在光纤通信网络的建设和设备的维护时,最值得关注的是光纤中所引起传输损耗的因素以及如何减少这些损耗。图2-2所示的是光纤损耗测量仪。

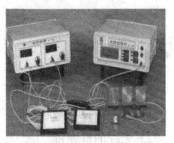

光纤损耗测量仪　　　　　　　　光纤损耗测量系统

图 2-2　光纤损耗测量仪

光波在光纤中传输时,光纤材料对光波的吸收和散射,光纤结构的缺陷和弯曲及光纤间的耦合不完善等原因,会导致光功率随传输距离的增加而按指数规律衰减,这种现象称为光纤的传输损耗,简称光纤损耗。光纤损耗是光纤的最重要参数之一。自光纤问世以来,人们在降低光纤损耗方面做了大量工作,损耗问题逐渐得到改善。1310 nm 光纤的损耗在 0.5 dB/km 以下,而 1550 nm 光纤的损耗可达到 0.2 dB/km 以下,这个数量级接近了光纤损耗的理论极限。图2-3所示的是降低光纤损耗研究进展。

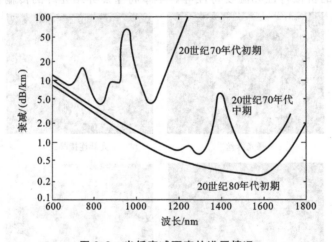

图 2-3　光纤衰减研究的进展情况

2.1.1　光纤的损耗系数

通常,光波在实际的光纤中传输时,光功率 P 将随着传输距离 L 的增加而按指数规律衰减。如果 P_{in} 是在长度为 L 的光纤输入端注入的光功率,则输出端的光功率 P_{out} 应为

$$P_{out} = P_{in}\exp(-\alpha l) \tag{2-1}$$

光纤损耗的大小可用光波在光纤中传输 1 km 产生的功率衰减分贝数(dB),即衰减系数 α 表示为

$$\alpha = -\frac{1}{L}10\lg\frac{P_{in}}{P_{out}} \tag{2-2}$$

式中：P_{in}——注入光纤的光功率；

$\quad\quad P_{out}$——经过光纤传输后的输出光功率；

$\quad\quad L$——光纤长度。

习惯上 α 的单位用 dB/km 表示。

2.1.2 光纤损耗分类

引起光纤损耗的原因有多种，有来自光纤本身的损耗，也有光纤与光纤设备的耦合损耗，以及光纤之间的连接损耗等。光纤本身的损耗主要有三种：吸收损耗、散射损耗和辐射损耗（见图 2-4），吸收损耗与光纤的材料有关，散射损耗则与光纤的材料和光纤中结构缺陷有关，而辐射损耗是由光纤几何形状的微观和宏观扰动引起的。

1. 吸收损耗

光纤的吸收损耗是由于光纤材料的量子跃迁致使一部分光功率转换为热能造成的光损耗。光纤的吸收损耗包括本征吸收损耗、杂质吸收损耗和原子缺陷吸收损耗。

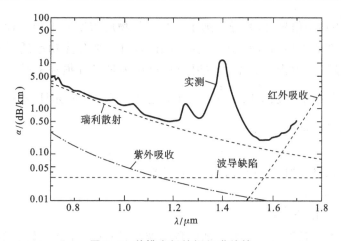

图 2-4　单模光纤的损耗谱特性

1）本征吸收损耗

本征吸收损耗是物质所固有的，主要是由紫外波段和红外波段电子跃迁与振动跃迁引起的吸收损耗。对于石英材料，固有吸收区在红外区和紫外区，其中红外区的中心波长在 $8\sim12\ \mu m$ 范围内，紫外区中心波长在 $0.16\ \mu m$ 附近，当吸收很强时，尾端可延伸到 $0.7\sim1.1\ \mu m$ 的光纤通信波段。本征吸收损耗一般很小，为 $0.01\sim0.05$ dB/km。

2）杂质吸收损耗

杂质吸收损耗主要是由光纤材料所含有的正价过渡金属离子（Fe^{3+}、Cu^{2+}、Ni^{2+}、Mn^{2+} 等）的电子跃迁和氢氧根负离子（OH^{-1}）的分子振动跃迁引起的吸收损耗。金属离子含量越多，造成的损耗就越大。只要使过渡金属离子的含量降低到 10^{-9}（ppb）数量级以下，就可以基本消除金属离子引起的杂质吸收损耗，目前这样高纯度的石英材料生产技术已经得到应用。但由于光纤在制备过程中,不可避免地与空气接触,光纤中的氢氧根负离子很难被清除,其分子振动跃迁在一些波段(0.72 μm,0.95 μm,1.24 μm,1.39 μm 等)形成吸收峰,而在另一些波段(0.85 μm,1.31 μm,1.55 μm 等)吸收很少,形成 3 个最佳通信窗口,其中 1.55 μm 是光纤的最低损耗波长。目前由于工艺的改进,降低了氢氧根负离子的浓度,这些吸收峰的影响已很小。

3)原子缺陷吸收损耗

原子缺陷吸收损耗主要是由于光纤材料受到热辐射或光辐射作用所出现原子缺陷产生的损耗。对于普通玻璃,在 3000 rad 的伽马射线照射下,可能引起的损耗高达 20000 dB/km。但有些材料受到的影响比较小,如掺锗的石英玻璃,仅在波长为 0.82 μm 时引起的损耗为 16 dB/km。这种吸收可以通过选择适当的材料来减小,对于以石英为纤芯材料的光纤,此类吸收可以忽略不计。

2. 光纤的散射损耗

即使对光纤的制造工艺进行很好的改进,清除所有的杂质使吸收损耗降低到最低限度,在光纤内仍然会存在较大的散射损耗。光纤的散射损耗主要有:瑞利散射损耗和非线性散射损耗。

当光纤传输小功率信号时,光纤中远小于光波长物质密度的不均匀性(导致折射率不均匀)和掺杂粒子浓度的不均匀等将引起光的散射,将有一部分光功率透射到纤芯外部,由此引起的损耗称为本征散射损耗。本征散射损耗可认为是光纤损耗的基本限度,又称为瑞利散射损耗,其特征是散射光强正比于 $\frac{1}{\lambda^4}$。对于纤芯掺杂 GeO_2 的光纤,根据测量结果,瑞利散射损耗系数 a_r 可表示为

$$a_r = (0.75 + 66\Delta n_{Ge})/\lambda^4 \tag{2-3}$$

式中:Δn_{Ge}——考虑只添加 GeO_2 引起的折射率差;

   λ——单位为 μm;

   a_r——单位为 dB/km。

可见,瑞利散射损耗随波长 λ 的增加而急剧减小,因此选择波长较长的光作为信号光源是抑制这类散射损耗的重要措施。瑞利散射损耗是光纤损耗最低极限。目前 1.55 μm 波长在实验室研究中的最低损耗可达 0.15 dB/km,接近理论极限。

当光纤中传输的光功率超过一定值时,还会诱发非线性效应散射,即受激拉曼散射和受激布里渊散射,从而引起光纤的非线性散射损耗。这两种散射使得入射光能量降低,并在光纤中形成一种损耗机制,导致较大的光损耗。通常可以通过选择适当的光纤直径和发射光功率来避免非线性散射损耗。

3. 光纤的辐射损耗

理想的圆柱形光纤受到某种外力作用下,会产生一定曲率半径的弯曲,引起能量泄露到包层,这种有能量泄漏导致的损耗称为辐射损耗。光纤受力弯曲有两类:一类是曲率半径比光纤直径大得多的弯曲,如光缆弯曲时的弯曲;另一类是光纤成缆时产生的随机性扭曲,称为微弯。当弯曲程度增大、曲率半径减小时,辐射损耗将随 $\exp(-R/R_c)$ 增大而成比例增大,

其中 R 是光纤弯曲的曲率半径，R_c 为临界曲率半径，$R_c = a(n_1^2 - n_2^2)$，当曲率半径达到 R_c 时，就可观察到辐射损耗。

为减小辐射损耗，通常在光纤表面上模压一种压缩护套，当受到外力作用时，护套发生变形，而光纤仍可以保持准直状态。

2.1.3　光纤损耗参数的测量

光纤在使用前及布线系统安装完成之后需要对链路传输特性进行测试，其中光纤损耗参数的测试是决定光纤线路系统传输性能的重要指标。下面介绍用"切断法"、"插入法"和背向散射法测试光纤损耗。

1. 切断法

切断法是直接严格按照定义建立起来的测试方法。在稳态输入条件下，首先，测量整根光纤的输出光功率 $P_2(\lambda)$；然后，保持输入条件不变，在离输入端约 2 m 处切断光纤，测量此段光纤输出的光功率 $P_1(\lambda)$，因其衰减可忽略，故 $P_1(\lambda)$ 可认为是被测光纤的输入光功率。因此，根据式(2-2)就可计算出被测光纤的衰减和衰减系数。如果要测量衰减谱，只要改变输入光波长，连续测量不同波长的 $P_2(\lambda)$，然后保持输入条件不变，在离输入端约 2 m 处切断光纤，再连续测量同样的不同波长的 $P_1(\lambda)$，计算各个波长下的衰减，就可得到衰减谱曲线。

由于这种测量方法需要切断光纤，会对光纤线路造成破坏，但是测量的精度较高，优于其他方法，所以是光纤衰减测量的一种标准测试方法。测试装置如图 2-5 所示。

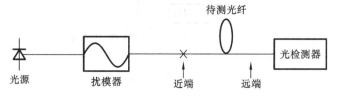

图 2-5　切断法测试光纤损耗

2. 插入法

切断法除具有破坏性以外，而且用于现场测量既困难，又费时，因此现场测量需用非破坏插入法来代替切断法。目前插入法对于多模光纤的测试，其测量精度和重复性已可满足要求，所以被选为替代测试方法。其测试装置如图 2-6 所示。

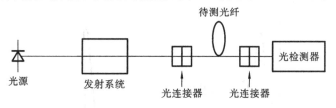

图 2-6　插入法测试光纤损耗

测量时，先校准输入光功率 $P_1(\lambda)$；然后把待测光纤插入，调整耦合头使之达到最佳耦合，记下此光功率 $P_2(\lambda)$，于是测得的衰减为 $A'(\lambda) = P_1(\lambda) - P_2(\lambda)$，显然，$A'(\lambda)$ 包括了光纤衰减 $A(\lambda)$ 和连接器(或接头)损耗 A_i；最后，被测光纤损耗为 $\alpha(\lambda) = A'(\lambda)/L$，式中 $A(\lambda) = A'(\lambda) - A_i$。

可见,插入法的测量精确度和重复性要受到耦合接头的精确度和重复性的影响,所以这种测试方法不如切断法的精确度高。但该法是非破坏性的,测量简单方便,故适合现场使用。

3. 背向散射法

用光时域反射仪(OTDR)测试只需在光纤的一端进行,如图 2-7 所示,半导体光源在驱动电路调制下输出光脉冲,经定向耦合器和活动连接器输入到被测光纤线路中,光脉冲在线路中传输时将沿途产生瑞利散射和菲涅耳反射光。这种仪表不仅可以测量光纤的损耗系数,还能提供沿光纤长度损耗特性的详细情况,检测光纤的物理缺陷或断裂点的位置,测定接头的损耗和位置,以及被测光纤的长度,这种仪器带有打印机,可以把测绘的曲线打印出来,如图 2-8 所示。

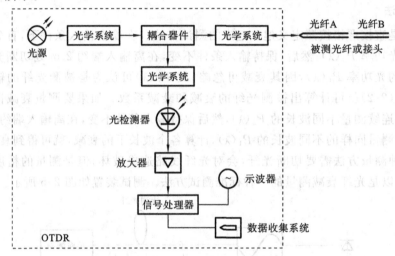

图 2-7　光时域反射仪的框图

图 2-8 中各段曲线含义说明如下:

(a) 表示由纤维输入端的耦合器件产生的反射;

(b) 表示恒定斜率的区域,衰减为 $A(\lambda)=1/2(V_A-V_B)$;

(c) 表示由局部缺陷、接头或耦合引起的不连续性;

(d) 表示由电介质缺陷引起的反射;

(e) 表示在纤维末端的反射。

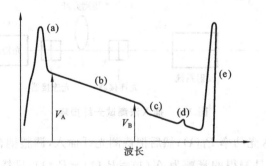

图 2-8　后向散射功率的典型曲线

假定由光源输入到光纤线路端面处光脉冲的光功率为 P_0,光纤传输损耗系数为 α,那么光脉冲传输到距端口的距离为 L 的长度处,光功率衰减为

$$P(L) = P_0 e^{-\alpha L} \tag{2-4}$$

而 L 点处产生的背向瑞利散射光的功率 $P_\delta(L)$ 与 $P(L)$ 成正比,可写为

$$P_\delta(L) = \delta P(L) = \delta P_0 e^{-\alpha L} \tag{2-5}$$

式中:比例系数 δ——瑞利散射系数。

L 处产生的背向瑞利散射光沿反方向传输到光纤线路输入端口,又经历了长度为 L 的路程,令光纤对瑞利散射光的损耗系数也为 α,背向散射光传播到达线路输入端口时的功率为

$$P_\delta(0) = P_\delta(L) e^{-\alpha L} = \delta P_0 e^{-2\alpha L} \tag{2-6}$$

则有

$$\lg \frac{P_\delta(0)}{P_0} = \lg \delta - \frac{2\alpha}{\ln 10} L$$

该式表明:只要从光功率计上读出光线路端 P_0 和 $P_\delta(0)$ 功率值,就可以测出 L 值,从而诊断光纤可能存在的缺陷和断点的位置,便于工程维护人员的检测和维护。

现场光纤接续由 OTDR 监视进行,熔接机在熔接完一根纤芯后都会给出熔接点的估算衰耗值,其一般都是对本地纤芯直观监测,即通过观察纤芯对接的好坏来估算衰耗值。接续工作是否完好,由监视者测量后通知接续工作者。这种方法的优点:一是 OTDR 固定不动,节省了仪表转移所需的车辆和人力物力;二是测试点选在有市电而不需配发电机的地方;三是测试点固定,减少了光缆开剥。

4. OTDR 测量参数的选择

1)选择适当量程

OTDR 有不同的量程,操作者应结合测试的光纤长度选择比较恰当的量程,使测试曲线尽量显示在屏幕中间,这样读数才能准确,误差才会小。

2)选择适当脉冲宽度

OTDR 可以选择输入被测光纤的光脉冲宽度参数,在幅度相同的情况下,宽脉冲的能量要大于窄脉冲的能量,能够测试较长距离,但误差较大。因此,操作者应结合待测光纤的长度选择适当的脉冲宽度,使其在保证精度的前提下,能够测试尽可能长的距离。

3)选择适当的折射率

由于不同厂家光纤选用的材质不同,造成光在光纤中传输速度不同,即不同的光纤有不同的折射率,因此在测试时应选择适当的折射率,这样才能准确测量光纤长度。

2.2 单模光纤的分析

单模光纤的纤芯很细(芯径一般为 9 μm 或 10 μm),只能传一种模式的光。因此,其模间色散很小,适用于远程通信,但还存在着材料色散和波导色散,这样单模光纤对光源的谱宽和稳定性有较高的要求,即谱宽要窄,稳定性要好。后来又发现在 1.31 μm 波长处,单模光纤的材料色散和波导色散一正一负,大小也正好相等。这样,1.31 μm 波长区就成了光纤通信的一个很理想的工作窗口,也是现在实用光纤通信网络的主要工作波段。常规单模光纤

的主要参数是由国际电信联盟 ITU—T 在 G652 建议中确定的,因此这种光纤又称为 G652 光纤。图 2-9 所示的是光在不同模式的光纤中传输的区别。

单模光纤

多模光纤

图 2-9　光在不同模式光纤中传输

满足 ITU-T　G652 要求的单模光纤,常称为非色散位移光纤,其零色散位于 1.31 μm 光纤窗口低损耗区,工作波长为 1310 nm(损耗为 0.36 dB/km)。我国已铺设的光纤光缆绝大多数是这类光纤。随着光纤光缆工业和半导体激光技术的成功推进,光纤线路的工作波长可转移到更低损耗(0.22 dB/km)的 1550 nm 光纤窗口。

例 2-1　输入单模光纤的 LD 功率为 1 mW,在光纤输出端,光电探测器要求的最小光功率是 10 nW,在 1.31 μm 波段工作,光纤衰减系数是 0.4 dB/km,请问无需中继器的最大光纤传输长度是多少?

解　由光纤衰减系数 $\alpha = \dfrac{10}{L} \lg \dfrac{P_{\text{in}}}{P_{\text{out}}}$ 得到

$$L = \frac{1}{\alpha} 10 \lg\left(\frac{P_{\text{in}}}{P_{\text{out}}}\right) = \frac{1}{0.4} \times 10 \times \lg\left(\frac{10^{-3}}{10 \times 10^{-9}}\right) \text{ km} = 125 \text{ km}$$

该光纤线路无需中继器的最大传输长度是 125 km。

2.3　光纤的色散

光纤中传输的光信号具有一定的频谱宽度,也就是说光信号具有许多不同的频率成分。同时,在多模光纤中,光信号还可能由若干个模式叠加而成,也就是说上述每一个频率成分还可能由若干个模式分量来构成。在光纤中传输的光信号的不同频率成分或不同的模式分量以不同的速度传播,到达一定距离后必然产生信号失真,这种现象称为光纤的色散或弥散。

2.3.1　光纤的群速度和时延

在折射率为 n_1 的均匀波导中,平面波的传播速度为 $v = c/n_1$。这就是说,介质波导(折射率为 n_1)中的光速比真空中的光速 c 慢。现在考虑传输模中的一条光线(见图 2-10),它在纤芯内以角度 θ 全反射,在介质中光速是 $v = c/n_1$。但是能量沿波导传输方向(纤芯轴线)的传输速度是 v_g

$$v_g = v \cos\theta = \frac{c}{n_1} \cos\theta \tag{2-7}$$

这一速度称为光纤传输的群速度,它表示调制光脉冲包络的传播速度。

在光纤中,群速度不同的光线在传输时会产生时延差,时延差越大,色散越严重。群速度除与光纤模式有关外,还与因调制产生的光频分量有关。设频率为 ω 的一光谱分量经过

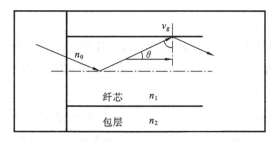

图 2-10　传输群速度

长为 L 的单模光纤传输后,产生时延 $T=L/v_g$。由于光脉冲包含许多频率分量,所以不同频率分量的光在传输后产生不同的延迟,不能同时到达光纤输出端,从而导致了光脉冲的展宽,其值为

$$\Delta T=\frac{\mathrm{d}T}{\mathrm{d}\omega}\Delta\omega=\frac{\mathrm{d}}{\mathrm{d}\omega}(L/v_g)\Delta\omega=L\beta_2\Delta\omega \tag{2-8}$$

式中:β_2——称为群速度色散(GVD),$\beta_2=\mathrm{d}^2\beta/\mathrm{d}\omega^2$,它直接决定了脉冲在光纤中的展宽程度。

常用色散系数 D 来描述光纤的色散指标。它是这样定义的:1 nm 波长范围(指光源的谱宽小于 1 nm)的光通过 1 km 光纤所出现的时延差异,单位为 ps/(nm·km),D 越小,则光纤带宽越大,单模光纤带宽与色散系数 D 的关系为

$$B_f=132.5/(D\cdot L)$$

式中:L——光纤长度,km;

$\quad\quad B_f$——单位为 GHz。

例如,1.30 μm 波长的光源,其谱宽小于 1 nm,其 D 值小于 3.5 ps/(nm·km)。则 1 km 单模光纤的频宽 $B_f>$ 37.86 GHz,10 km 单模光纤的频带则为 3.78 GHz。可见在光纤网络中,传输的距离越长,色散就越严重。

2.3.2　光纤的色散种类

色散是光纤的一个重要参数,降低光纤的色散对增加通信容量、延长通信距离、发展高速 40 Gb/s 光纤通信和其他新型光纤通信技术都是至关重要的。光纤的色散主要有材料色散、波导色散和模间色散三种。图 2-11 所示的为不同光纤的色散特性。

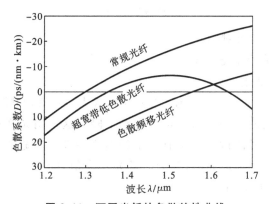

图 2-11　不同光纤的色散特性曲线

1. 材料色散

材料色散是由于不同的光源频率对于不同的群速度所引起的脉冲展宽。它是纤芯材料的折射率随波长变化而引起的,这使得一个给定模式的群速度产生对波长的依赖关系。

2. 波导色散

波导色散是由于相同的光源频率所对应的同一导模的群速度在纤芯和包层中不同所引起的脉冲展宽。因模式的传播常数 β 随 a/λ 变化而变化的,这是单模光纤色散的主要原因,在多模光纤中可以忽略。多模光纤色散中模间色散起支配作用。

3. 模间色散

模间色散是由于不同的导模在某一相同光源频率下具有不同的群速度所引起的脉冲展宽。在单模光纤中,由于只有基模传输,因此不存在多模色散,多模光纤色散中模间色散起支配作用。

2.3.3 光纤的带宽

在数字光纤通信系统中,信号的各频率成分或各模式成分的传输速度不同,光脉冲在光纤中传输一段距离后被展宽,严重时可能出现前后脉冲互相重叠的现象,造成码间干扰,增加误码率,使光纤的带宽变窄,传输容量下降。

实验证明,在 40 Gb/s 的高速系统中,传输 40 km 后,光脉冲由 0.98 ps 展宽到 2.3 ps,这表明在长距离、高传输速率数字系统中,色散会导致时延差和误码率的增加。

在多模光纤中,模间色散占主要成分,它最终限制在多模光纤的带宽,单模光纤只传输一种模式,没有模间色散,因而带宽很宽。从某种意义来说,光纤通信系统中的色散和带宽是一个概念。由于单模光纤的带宽比多模光纤的宽很多,光信号的畸变或展宽很小,所以多模光纤一般用带宽表示,而单模光纤一般用色散来表示。

可以证明,对阶跃型光纤而言,其模间色散引起的脉冲展宽为

$$\Delta\tau_m = \frac{n_1}{c} \qquad (2\text{-}9)$$

对渐变型光纤而言,脉冲展宽为

$$\Delta\tau_m = \frac{n_1}{2c}\Delta^2 \qquad (2\text{-}10)$$

式中:n_1——光纤轴心处的折射率;

c——光在真空中的传播速度;

Δ——光纤的相对折射率差。

通过实验发现,如果保证光纤的输入光功率信号大小不变,则随着调制光功率信号的调制频率的增加,光纤输出的光功率信号也会逐渐下降。这说明光纤存在着像电缆一样的带宽系数,以及对光功率信号的调制频率有一定的响应特性。带宽系数定义为:1 km 长的光纤,其输出光功率信号下降到最大值(零频时的光功率值)的一半时的光功率信号的调制频率称为光纤的带宽系数 B_c,如图 2-12 所示。

需要注意的是,由于光信号是以光功率来度量的,所以其带宽又称为 3 dB 光带宽,即光

功率信号衰减 3 dB 时意味着输出光功率信号减小一半。而一般电缆的带宽称为 6 dB 电带宽,因为输出电信号是以电压或电流来度量的。引起光纤带宽变窄的主要原因是光纤的色散。对于多模光纤而言,因为其模间色散占统治地位(材料色散和波导色散的大小可以忽略不计),所以其带宽又称为模间色散带宽。对单模光纤而言,由于其模间色散为零,所以材料色散和波导色散占主要地位。

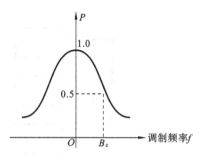

图 2-12　光纤的带宽系数

2.3.4　单模光纤色散测量

由于掺铒光纤放大器(EDFA)的出现,光信号的衰减已经由限制通信距离的主要问题变成次要问题,而色散(单模光纤的色散)变成目前限制光纤通信速率和距离的最主要因素,所以色散的测量及补偿技术受到了越来越多的重视。下面提供了一个单模光纤色散测量系统,仅供参照。

1. 测量工具

测量工具主要有光纤光源、色散测量仪、光纤功率计、WDM、光纤跳线和示波器,如图 2-13 所示。

图 2-13　测量工具

2. 测量目的

(1) 任务的实施可以使我们了解并掌握用相移法测量光纤色散的方法,对色散给数据传输造成的影响有一个感性的认识,对鉴相器的原理有一个简单的了解。如果有高速示波器,通过对比传输前后的波形差异,可直观地得到信号由于色散而产生的时间延迟。

(2) 了解并掌握用插入法测量光纤损耗的方法,对光纤损耗有一个简单的认识。

3. 测量系统框图

测量系统框图如图 2-14 所示。

4. 主要技术指标

测试光纤:单模光纤。

光源波长:1310/1535/1555±2 nm;光源功率:≥400 uW;光源接口类型:FC。

色散测量仪的探测器类型:InGaAs;测量光纤的长度范围:1.5~6 km;分辨率:±0.2

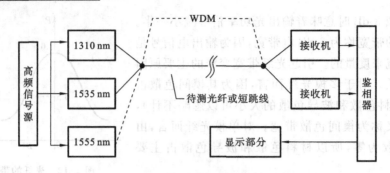

图 2-14　测量系统框图

ps;精度:±2.5 ps。

5. 测试步骤与事项

(1) 测试光纤样品应不短于 1 km,光纤两端做好光纤连接器。

(2) 在色散测试时,应先用两根标准光纤跳线分别连接色散测量仪的输入端和输出端,通过法兰盘连接两根光纤跳线的另一端,将色散测量仪自环,测试此时的参考值。

(3) 将测试光纤通过法兰盘接入光纤环路。

(4) 根据测试光纤样品,设定光纤类型、数据拟合方式、光纤测试中的群折射率,测试光纤长度、波长范围、波长间隔等。

(5) 测试光纤的零色散波长、零色散斜率和色散系数等。对测试数据进行分析处理,得到光纤的色散特性。

例 2-2　光源波长谱宽 $\Delta\lambda$ 指的是输出光强最大值一半的宽度,$\Delta\lambda_{1/2}$ 称为光源线宽,$\Delta\tau_{1/2}$ 是光强与波长关系曲线最大值一半的宽度,是光纤输出信号光强与时间关系曲线最大值一半的宽度。

请计算下面两种情况下石英光纤每千米的材料色散系数。

(1) 当光源采用工作波长为 1.55 μm,线宽为 100 nm 的 LED 时;

(2) 当光源采用工作波长仍为 1.55 μm,但线宽仅为 2 nm 的 LD 时。

解　因为石英光纤的材料色散系数为 $D_m = 22$ ps/(km・nm) (1.55 μm 波长)

对于 LED,$\Delta\lambda_{1/2} = 100$ nm

$$\Delta\tau_{1/2} = L|D_m|\Delta\lambda_{1/2} = (1 \text{ km})(22 \text{ ps/(km・nm)})(100 \text{ nm}) = 2200 \text{ ps}　\text{或}　2.2 \text{ ns}$$

对于 LD,$\Delta\lambda_{1/2} = 2$ nm

$$\Delta\tau_{1/2} = L|D_m|\Delta\lambda_{1/2} = (1 \text{ km})(22 \text{ ps/(km・nm)})(2 \text{ nm}) = 44 \text{ ps}　\text{或}　0.044 \text{ ns}$$

由此可见,LD 的线宽比 LED 的窄很多,所以它的色散系数也小得多。

2.4　光纤的偏振和双折射特性

电磁波传播时沿传播方向以一定的角度存在电场和磁场。假如电磁波的传播方向是 z 轴方向,那么电场方向可以为垂直于 z 轴平面内的任何方向。电磁波的偏振(也称极化)描述了当它通过介质传输时其电场特性。假如电磁场振荡在所有时间都是线性的,此时称该电磁波为线性偏振,场振荡和传播方向决定了一个偏振平面(振荡平面),因此线性偏振暗示该电波是平面偏振波。

任何非极化光线进入各向异性晶体后,将折射分成两束正交的线性偏振光,以不同的偏振态和相速度经历不同的折射率传输,这种现象称为双折射。

2.4.1　平面波

光波是一个横波,其传播方向垂直于电场(E)和磁场(H)的振动方向。

给定一个空间直角坐标系 $O\text{-}xyz$(见图 2-15),假设一列平面波始终沿 z 方向传播,那么这列波可测量的电场可表示为

$$E(z,t)=eE\cos(\omega t-kz) \tag{2-11}$$

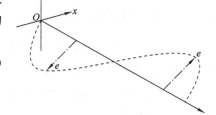

式中:e——电场振动方向;

　　ω——光的角频率;

　　k——传播常数,表征相位变化的快慢,$k=2\pi/\lambda$。

图 2-15　偏振光波

2.4.2　光纤的偏振

通常单模光纤只传播 HE_{11} 一种模式。在理想情况下(假设光纤为圆截面,笔直无弯曲,材料纯净无杂质),此时 HE_{11} 模的光为垂直于光纤轴线的线偏振光。根据光的电场矢量在 xy 平面上的运动轨迹,可以将光分为线偏振光、椭圆偏振光和圆偏振光。

电场矢量在 xy 平面上的运动轨迹为一条直线的光称为线偏振光,它可以表示为两个相互正交的偏振光,如图 2-16 所示,其值为

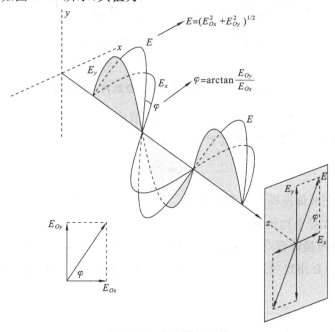

图 2-16　光波的偏振性

$$E(z,t) = E_x(z,t) + E_y(z,t) \tag{2-12}$$

$$E(z,t) = e_x E_{Ox} \cos(\omega t - kz) \tag{2-13}$$

$$E(z,t) = e_y E_{Oy} \cos(\omega t - kz + \varphi) \tag{2-14}$$

这两个垂直分量之间的相位差满足 $\varphi = 2m\pi$，其中 $m = 0, \pm1, \pm2, \cdots$；当 $\varphi \neq 2m\pi$，$m = 0, \pm1, \pm2\cdots$ 时为椭圆偏振光。特别地，当两个相互正交的分量 $E_{Ox} = E_{Oy} = E_O$，且两者之间的相位差 $\varphi = \pm\pi/2 + 2m\pi$ 时，椭圆偏振光变成圆偏振光；迎着光传播的方向观察，根据 φ 取 $\pi/2$ 和 $-\pi/2$，圆偏振光分为右旋圆偏振光和左旋圆偏振光。

2.4.3 光纤的双折射

实际上，上述理想条件是很难达到的。在单模光纤中传输的基模 HE_{11} 由两个偏振方向相互垂直的线偏振模 HE_{11}^x 和 HE_{11}^y 所构成（见图 2-17），对于理想的均匀各向同性直圆柱光纤，HE_{11}^x 和 HE_{11}^y 的传播常数相同，即具有相同的相位，则合成光场是一个方向不随时间变化而变化的线偏振场。实际上由于光纤结构的不完善，光纤中总含有一些非对称因素，两个本来简并的模式传播常数出现差异，而在光纤中以不同的相速度传播。如果 HE_{11}^x 和 HE_{11}^y 存在相位差 φ，线偏振态沿光纤不再保持不变，其偏振状态将沿着光纤长度以光频作周期变化（线偏振→椭圆偏振→椭圆偏振→线偏振），这种现象称为光纤的双折射效应。

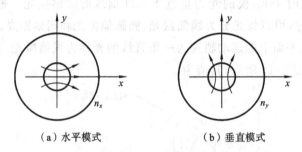

（a）水平模式　　　　　　（b）垂直模式

图 2-17　HE_{11} 偏振态相互正交的两个简并模

这种双折射效应可用归一化双折射系数 B 或拍长度 L_B 来描述。

光纤的双折射大小由双折射参数 B 表示为

$$B = \frac{\Delta\beta}{K_0} \tag{2-15}$$

式中：$\Delta\beta$——两正交线偏振模传播常数之差；

$\quad K_0$——单模光纤平均传播常数。

两个简并模在传播时会产生相位差。当两者相位差为 2π 整数倍时，光的偏振态与入射点相同，此时称该点处出现"拍"，如图 2-18 所示，两个拍之间的间隔称为"拍长"，即

$$L_B = \frac{2\pi}{K_0 B} = \frac{2\pi}{\Delta\beta} \tag{2-16}$$

通常拍长在 $10\ \text{cm} \sim 2\ \text{m}$ 之间。

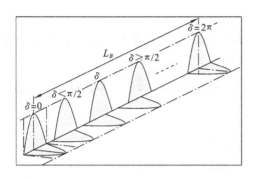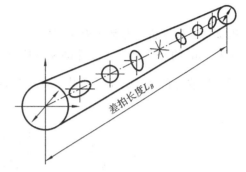

图 2-18 单模光纤光偏振态呈周期变化"拍"

2.4.4 相关参数测量

在单轴晶体中，两个正交的偏振光分别称为寻常光（$E_\perp$）和非寻常光（$E_\parallel$）。寻常光在所有的方向都具有相同的相速度，电场垂直于相速度的传输方向；非寻常光的相速度与传输方向和它的偏振态有关，而且电场不垂直于相速度的传输方向。

假如晶体片的厚度为 L，寻常光（o）通过晶体经历的相位变化是 $K_0 L$，$K_0 = (2\pi/\lambda)n_0$ 是寻常光波矢量，而非寻常光（e）经历的相位变化是 $(2\pi/\lambda)n_e L$，于是出射光束通过相位延迟片产生的相位差为

$$\varphi = \frac{2\pi}{\lambda}(n_e - n_o)L \tag{2-17}$$

该相位表示延迟片对全波长的延迟，例如，$\varphi = \pi$ 是半波延迟，$\varphi = \pi/2$ 是四分之一波长延迟。通过光束的偏振态与晶体类型（$n_e - n_o$）和延迟片的厚度有关。

半波延迟片的长度 L 是使电磁波两个正交分量 $E_\parallel$ 与 $E_\perp$ 的相位差 $\varphi = \pi$，对应波长一半（$\lambda/2$）的延迟，其结果是分量 $E_\parallel$ 与 $E_\perp$ 相比延迟了 180°。此时，如果输入 E 与光轴的夹角是 α，那么输出 E 与光轴的夹角是 $-\alpha$，输出光与输入光一样仍然是线偏振光，只是逆时针旋转了 2α。

四分之一波长延迟片的长度 L 是使 $E_\parallel$ 和 $E_\perp$ 的相位差 $\varphi = \pi$，对应波长 $\lambda/4$ 的延迟，其结果是 $E_\parallel$ 与 $E_\perp$ 相比延迟了 90°。此时假如 $0 < \alpha < 45°$，那么输出光就不是线偏振光而是椭圆偏振光；假如 $\alpha = 45°$，那么输出光就是圆偏振光。

例 2-3 如 $E_x = A\cos(\omega t - kz)$，$E_y = B\cos(\omega t - kz + \varphi)$，$A$ 和 B 不等，$\varphi = \pi/2$，请问该电磁波是何种偏振？

解 由 $E_x = A\cos(\omega t - kz)$ 得到 $\cos(\omega t - kz) = E_x/A$，

由 $E_y = B\cos(\omega t - kz + \varphi)$ 得到 $\cos(\omega t - kz + \pi/2) = -\sin(\omega t - kz) = E_y/B$，

使用 $\cos^2(\omega t - kz) + \sin^2(\omega t - kz) = 1$，我们发现

$$\left(\frac{E_x}{A}\right)^2 + \left(\frac{E_y}{B}\right) = 1$$

该式表示电场 E_x 和 E_y 分量沿 x 轴和 y 轴的瞬时值。当 $A = B$ 时，是圆偏振光；当 $A \neq B$ 时，是椭圆偏振光。

当 $z = 0$，$\omega t = 0$ 时，$E = E_x = A$；当 $\omega t = \pi/2$ 时，$E = E_x = -B$，由此可见该波是右圆偏

振光。

例 2-4 石英晶体寻常折射率指数 $n_0 = 1.5442$，非寻常折射率指数 $n_e = 1.5533$，请问波长 $\lambda = 590$ nm 的石英晶体半波片的厚度应该是多少？

解 半波片的相位差 $\varphi = \pi$，代入 $\varphi = \dfrac{2\pi}{\lambda}(n_e - n_0)L$，得到 $\varphi = \dfrac{2\pi}{\lambda}(n_e - n_0)L = \pi$，由此可以求得

$$L = \frac{\frac{1}{2}\lambda}{(n_e - n_0)} = \frac{\frac{1}{2}(590 \times 10^{-9})}{(1.5533 - 1.5442)} \text{ m} = 32.4 \ \mu\text{m}$$

经分析得石英晶体半波片的厚度为 $32.4 \ \mu\text{m}$。

2.5 光纤的非线性特性

任何介质在强电场作用下，都将呈现出非线性特性，光纤也不例外。虽然石英光纤本质上不是高非线性材料，但由于光纤传输距离很长，并将光场限制在截面很小的区域内，因此光纤中的非线性现象仍十分显著。光纤的非线性对光信号的传输有重要的影响，并在许多方面得到应用。

2.5.1 光纤非线性光学效应

将电场 E 施加到介质材料将引起组成它的原子和分子的极化。介质对电场的响应可用引起介质的极化 P 来描述，它表示单位体积引起的偶极矩。在线性介质中，引起极化 P 与该点的电场 E 成正比，即

$$P = \varepsilon_0 \chi E$$

式中：x——极化系数。

但是在强电场作用下，P 与 E 的关系将不遵守线性关系，此时 P 与 E 的关系为

$$P = \varepsilon_0 \chi_1 E + \varepsilon_0 \chi_2 E^2 + \varepsilon_0 \chi_3 E^3 \tag{2-18}$$

式中：χ_1，χ_2 和 χ_3——线性、二阶、三阶极化系数。

非线性（χ_2 和 χ_3）的影响程度与电磁强度 E 有关。

假如光场 $E = E_0 \sin(\omega t)$，代入上式，整理并忽略 ε_3 项，就可以得到光场引起的极化 P 为

$$P = \varepsilon_0 \chi_1 E_0 \sin\omega t - \frac{1}{2}\varepsilon_0 \chi_2 E_0 \cos 2\omega t + \frac{1}{2}\varepsilon_0 \chi_2 E_0 \tag{2-19}$$

式中：$\varepsilon_0 \chi_1 E_0 \sin\omega t$——表示基波；

$\dfrac{1}{2}\varepsilon_0 \chi_2 E_0 \cos 2\omega t$——表示二次谐波；

$\dfrac{1}{2}\varepsilon_0 \chi_2 E_0$——表示直流项。

分析表明，线性部分占主要地位，二阶非线性系数 χ_2 导致产生二次谐波及和频等一系列非线性效应，但它仅对缺乏分子量级反转对称的介质才不为零。因为 SiO_2 是分子对称的，所以光纤通常表现不出二阶非线性。不过光纤内部的掺杂及四极电子在特定的条件下也会引

起二次谐波的产生。

2.5.2　非线性折射率

光纤中的最低非线性效应起源于三阶极化系数 χ_3，它是引起三次谐波、四波混频、非线性折射等方面的原因。光纤中的许多非线性效应都来源于非线性折射，非线性折射率可表示为

$$n(\omega,|E|^2)=n(\omega)+n_2|E|^2 \tag{2-20}$$

式中：$|E|$——光场幅度的有效值；

$n(\omega)$——线性折射率，与 χ 相关，其中 ω 为光场角频率；

n_2——与 χ_3 有关的非线性折射率。

2.5.3　知识应用

现在光纤的非线性的研究已经发展成为非线性光学的一个重要分支学科——非线性光纤光学。经研究表明，在产生非线性光学现象方面，光纤主要有如下特点。

（1）光纤中光波场在二维方向上被局限在光波长数量级的小范围内，这样即使只有较小的输入光功率，在光纤中也可获得较大的光功率密度，足以实现非线性互相作用。

（2）光波在光纤中可以无衍射地传输相当长的距离，从而保证了有效的非线性相互作用所需的相干传输距离。

（3）在光纤中可以利用模间色散来抵消材料色散，这使得那些由于光学同向性而很难在介质中出现相位匹配的情况在光纤中有可能实现，并获得有效的非线性作用。

2.6　光纤的机械特性与温度特性

光纤（光缆）在实际的工程应用中，不仅要经受较强的机械拉力、压力，还需要适应各种不同的环境变化，如温度、湿度变化等。这些因素都有可能影响光纤的传输特性。为了保证光纤传输的稳定性能，还需要分析光纤的机械特性和温度特性。图 2-19 所示的是光纤的几种应用形式。

光纤通信交换系统

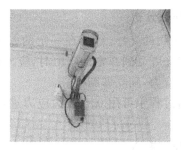
光纤监视系统

图 2-19　光纤工程应用

2.6.1 机械特性

当光纤成缆过程和用于实际环境时,必须经受住一定的机械应力和化学环境的侵蚀;在光缆施工过程中,光纤需要大量熔融连接,光纤涂覆层剥离后裸纤的翘曲度都会影响光纤的熔接难易和损耗大小,这些都属于光纤机械性能和操作性能的范畴。在通常的使用条件下,光纤都会受到张力(如在光缆中)、均匀弯曲(如在圆筒上)或平行表面的两点弯曲(如在熔接情况中)。

光纤的机械特性非常重要,主要包括耐侧压力、抗拉强度、弯曲及扭绞性能。图 2-20 所示的为光纤机械特性曲线。

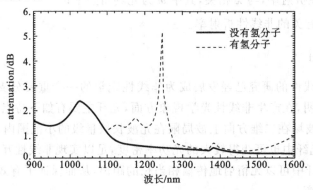

图 2-20   光纤机械特性曲线

1. 光纤的抗拉强度

光纤的抗拉强度在很大程度上反映了光纤的制造水平。实用化的光纤抗拉强度,要求大于 240×10^{-2} N 的拉力。目前商品化光纤的抗拉强度已达到 432×10^{-2} N 拉力,国内用于工程的光纤,一般都大于 400×10^{-2} N 拉力,国外较好的光纤其抗拉强度在 700×10^{-2} N 以上,用于海底光缆的光纤的抗拉强度还要高。影响光纤抗拉强度的主要因素是光纤的制造材料和制造工艺,当然光纤在生产使用过程中存在过大的残余应力,也会影响光纤的抗拉强度。

对光纤抗拉强度的要求,是在光纤生产过程中用筛选法达到的。

2. 光纤的断裂分析

存在气泡、杂物的光纤,容易在一定的张力下断裂,但多数情况是由于光纤表面有一定程度的损伤。当光纤受到一定的张力时,应力首先集中于有微裂纹的地方(最薄弱点);如果超过该部位容许应力,则立即断裂。

光纤在制造过程中可用 0.5 倍的应力进行筛选,合格的成品,其标称抗拉强度大于 432×10^{-2} N。

3. 光纤的使用寿命

当光纤损耗增大导致系统开通困难时,则称其已达到使用寿命。从机械性能讲,使用寿命指断裂寿命。光纤、光缆制造及工程建设中,一般是按照 20 年使用寿命设计的。但是光纤使用寿命受到使用环境的影响而具有不确定性,据分析推测,用 20 年设计寿命的光纤,实际可能使用 30～40 年。

4. 光纤的机械可靠性

通信用石英光纤是外径为 125 μm 左右的细玻璃丝。从理论上推算，外径为 125 μm 的光纤所能承受的抗张力将达到 30×10^{-2} N。然而，经过多次研究验证了影响光纤强度的因素之一是强度下降和表面粗糙不平导致在恶劣环境中的光纤老化。一旦水分子渗透了聚合物涂覆层，就很容易到达纤芯表面，光纤强度将会加速下降。

光纤的抗弯性能也是衡量光纤机械特性的一项重要指标。只经过涂覆和套塑的光纤，机械强度还不能满足工程上的要求，为了能应用于各种复杂的工程环境，通常要将光纤组合制备成光缆。

2.6.2　温度特性

光纤是由多种原料加工复合而成的均匀线性体。在这些材料中，它们的线膨胀系数、截面积、抗张模量各不相同。在某一温度下，还要将它们以一定的工艺加工方式组合起来变成一条光缆。如果假定光纤的使用温度永远都处在加工时的温度，那么它们之间基本上不存在热胀冷缩的问题，也不存在各种材料间的相互作用力。但事实上，这样恒温的环境是不可能存在的。例如，石英层、光纤涂覆层、塑套层和外层护套由于线膨胀系数不同，气温下降时，由于护层的线膨胀系数大，导致了各层单元间相互作用，使光纤受到轴向压缩力而产生微弯，这样就增大了光纤损耗。图 2-21 所示的为温度的变化引起光纤传输损耗的曲线。

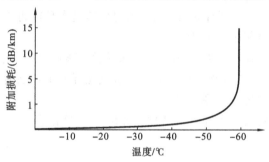

图 2-21　光纤温度特性曲线

光纤的低温性能十分重要，对于架空光缆及低温地区光纤线路，低温特性不良，将会严重影响通信质量。因此，光纤制造过程中，必须选择良好的涂覆层、塑套层材料。在工程设计时，务必选择良好特性的光纤；施工中遇到不同温度指标的光缆，应对照铺设方式、使用地段进行合理的选择。

简单归纳光纤的机械特性与温度特性如下。

(1) 光纤的抗拉强度很高，接近金属的抗拉强度。

(2) 光纤的延展性(1%)比金属的差(20%)。

(3) 光纤内存在裂纹、气泡或杂物，在一定张力下容易断裂。

(4) 光纤遇到水容易断裂且损耗增大。

(5) 在低温下损耗随温度的降低而增加。

典型光纤机械特性与温度特性描述对照如表 2-1 所示。

表 2-1　典型光纤机械特性与温度特性

G652 单模光纤特性		50/125 μm 多模光纤特性	
机械特性		机械特性	
筛选应力最小值	0.69 GPa	光纤筛选应力	≥0.69 GPa
涂层剥离力（典型值）	1.4N	涂层剥离力（典型值）	1.4N
动态疲劳参数 N	≥20	动态疲劳参数 N	≥20
环境特性（在 1310 nm 和 1550 nm）		环境特性（在 850 nm 波长和 1300 nm 波长）	
温度特性（−60～+85 ℃）	≤0.05 dB/km	温度特性（−60～+85 ℃）	≤0.15 dB/km
热老化特性（85 ℃±2 ℃,30 天）	≤0.05 dB/km	热老化特性（85 ℃±2 ℃,30 天）	≤0.20 dB/km
浸水性能（23 ℃±2 ℃,30 天）	≤0.05 dB/km	浸水性能（23 ℃±2 ℃,30 天）	≤0.20 dB/km
湿热性能（85 ℃±2 ℃, RH85％,30 天）	≤0.05 dB/km	湿热性能（85 ℃±2 ℃, RH85％,30 天）	≤0.20 dB/km

2.6.3　光纤产品的选择

光纤的机械特性和温度特性决定着光纤系统的传输特性,对光纤通信的质量有很大的影响,在工程上一定要选择性能稳定的光纤。下面介绍几种简单识别光纤质量的方法。

（1）看外表。外径粗的好。

（2）摸外表。如手摸后有黑印留在手上,用的显然是次品或再生料做的光缆;反之,如外皮光滑、坚固,则用的是合格的外套 PE 料。

（3）看光缆的截面。看钢丝大小,中心束管的粗细、颜色,以及钢带的宽度。

（4）看光纤颜色。颜色应鲜艳,并拿下一段试试光纤的抗拉强度。

（5）请生产厂家提供光纤的测试报告。

（6）用千兆光纤交换机或光纤收发器检验光缆是否能上千兆。

2.7　思考题

2-1　简述引起光纤损耗的原因及分类。

2-2　光纤损耗的大小与哪些因素有关?

2-3　分析光纤中传输的光信号产生脉冲展宽的原因。

2-4　简述决定光纤机械特性和温度特性的因素。

2-5　分析在光纤工程应用中,应该注意哪些问题?

2-6　一段 12 km 长的光纤线路,其损耗为 $a=1.5$ dB/km,试问:

（1）如果在接收端保持 0.3 μm 的接受光功率,则发送端的光功率至少为多少?

（2）如果光纤的损耗变为 2.5 dB/km,则所需的输入光功率又为多少?

2-7　使用 LED 光源,工作在 0.82 μm 波长,光纤色散系数 $D=110$ ps/(nm·km),谱宽 $\Delta\lambda=20$ nm,在光纤 10 km 处,脉冲展宽为多少?假如 $\lambda=1.5$ μm,$D_m=15$ ps/(nm·km),$\Delta\lambda=50$ nm,脉冲展宽又为多少?

第 3 章 光纤无源器件

◆ 本章重点
  ☒ 光纤活动连接器的结构和特性
  ☒ 光衰减器的作用和工作原理
  ☒ 光纤光栅的基本特性
  ☒ 光耦合器的结构和特性
  ☒ 光滤波器的工作原理和特性
  ☒ 光波分复用器的作用和工作原理
  ☒ 光隔离器的作用和工作原理
  ☒ 光开关的种类和工作原理

在光纤通信及光信息处理系统中,除了有源器件、光纤光缆外,还有无源器件。这一类光学器件本身不发光、不放大、不产生光电转换。无源器件种类繁多,功能各异,如光纤活动连接器、光衰减器、光纤光栅、光耦合器、光滤波器、光波分复用器、光隔离器、光开关等。它们起着光学连接、光功率分配、光波分复用、光信道切换及光信息的衰减、隔离等作用。光纤无源器件是光纤通信设备的重要组成部分,也是光纤传感和其他光纤应用领域不可缺少的器件。在光纤通信向大容量、高速率发展的今天,光纤无源器件是我国光通信产业发展的重点之一。

本章简单介绍几种常用的光纤无源器件的基本结构、组成、原理和特性等。

3.1 光纤活动连接器

光纤活动连接器简称光纤连接器,俗称活动接头,它是一种可拆卸的光纤连接插件,可以反复连接或断开,主要实现光纤(缆)与光纤(缆)之间的活动连接、光纤(缆)与有源器件(无源器件)的活动连接、光纤(缆)与系统和仪表的活动连接。它是组成光纤通信系统和测量系统不可缺少的一种重要无源器件,也是市场需求量最大的光纤无源器件之一。各种常用的光纤活动连接器如图 3-1 所示。

1. 光纤活动连接器的基本结构

光纤活动连接器基本上采用某种机械结构和光学结构,使两根光纤的纤芯对准,保证90%以上的光能够通过。目前有代表性并且正在使用的有以下几种结构。

1) 套管结构

套管结构示意图如图 3-2 所示,它由插针和套管两部分组成。插针用来固定光纤,将光纤固定在插针里,套管用来确保两根光纤的对接。其原理是:以插针的外圆柱面为基准面,

图 3-1　各种光纤活动连接器

插针与套管之间紧密配合时,两根插针在套管中对接,就实现了两根光纤的对准。

这种结构设计合理,加工技术能够达到所要求的精度,因而得到了广泛应用。FC、SC、ST、LC 等型号的光纤活动连接器均采用这种结构。

2）双锥结构

双锥结构光纤活动连接器利用锥面定位。插针的外端面加工成圆锥面,套管的内孔也加工成双圆锥面。两个插针插入套管的内孔实现纤芯对接,如图 3-3 所示。插针和套管的加工精度极高,锥面与锥面的结合既要保证纤芯的对准,还要保证光纤端面间的间距恰好符合要求。它的插针和套管采用聚合物压制成形,精度和一致性都很好。

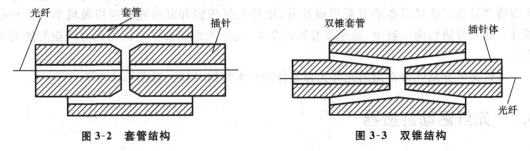

图 3-2　套管结构　　　　　　　　　　　　图 3-3　双锥结构

3）V 形槽结构

V 形槽结构光纤连接器是将两个插针放入 V 形槽基座中,再用盖板将插针压紧,利用对准原理使纤芯对准的,如图 3-4 所示。这种结构可以达到较高的精度。其缺点是结构复杂,零件数量偏多。

4）球面定心结构

图 3-5 所示的为球面定心结构的示意图,该结构由精密钢球的基座和装有圆锥面的插针组成。钢球开有一个通孔,通孔的内径比插针的外径大。当两根插针插入基座时,球面与锥面接合将纤芯对准,并保证纤芯之间的间距控制在要求的范围内。这种设计思想是巧妙的,但零件形状复杂,加工调整难度大。

5）透镜耦合结构

透镜耦合又称为远场耦合,它分为球透镜耦合和自聚焦透镜耦合两种,其结构分别如图

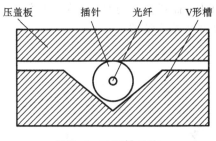

图 3-4　V 形槽结构

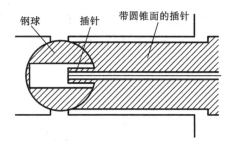

图 3-5　球面定心结构

3-6 和图 3-7 所示。这种结构用透镜将一根光纤的出射光变成平行光,再由另一透镜将平行光聚焦并导入另一光纤中。其优点是降低了对机械加工的精度要求,使耦合更容易实现;缺点是结构复杂、体积大、调整元件多、接续损耗大。

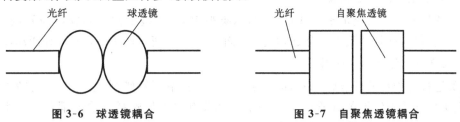

图 3-6　球透镜耦合　　　　　　　　　　图 3-7　自聚焦透镜耦合

2. 常见光纤活动连接器

按照不同的分类方法,光纤活动连接器可以分为不同的种类。按传输介质分,光纤活动连接器可分为单模光纤活动连接器和多模光纤活动连接器。单模光纤活动连接器的光纤一般为 G652 光纤,光纤内径为 9 μm,外径为 125 μm。多模光纤活动连接器的光纤一般为 G651 光纤,G651 光纤分为两种:一种光纤内径为 50 μm,外径为 125 μm;另一种光纤内径为 62.5 μm,外径为 125 μm。

光纤活动连接器按连接头分为 FC、SC、ST、D4、DIN、Biconic、MU、LC、MT 等各种形式;按连接器的插针端面分,可分为平面接触型(FC)、物理接触型(PC)、微球面(UPC)和角度物理接触型(APC);按光纤芯数分,可分为单芯和多芯。

在实际应用过程中,一般按照光纤活动连接器结构来加以区分。以下简单地介绍一些目前比较常见的光纤活动连接器。

1) FC 型光纤活动连接器

此类连接器最早是由日本 NTT 公司研制的。FC 是 Ferrule Connector 的缩写,表明其外部加强方式是采用金属套,紧固方式采用螺丝扣。测试设备选用该接头较多。最早,FC 型光纤活动连接器采用陶瓷插针,对接端面是平面接触。此类连接器结构简单,操作方便,制作容易,但对接端面对微尘较为敏感,且容易产生菲涅尔反射,提高回波损耗性能较为困难。后来,对此类连接器做了改进,对接端面采用呈球面的插针(PC),而外部结构没有改变,使得插入损耗和回波损耗性能有了较大幅度的提高。图 3-8 所示的为 FC 型光纤活动连接器。

2) SC 型光纤活动连接器

此类连接器是由日本 NTT 公司开发的模塑插拔耦合式连接器。其外壳采用模塑工艺,用铸模玻璃、塑料制成,呈矩形;插针由精密陶瓷制成;耦合套管为金属开缝套管结构。紧固方式采用插拔销式,不需要旋转。此类连接器价格低廉,插拔操作方便,介入损耗波动小,抗压强度较高,安装密度高。图 3-9 所示的为 SC 型光纤活动连接器。

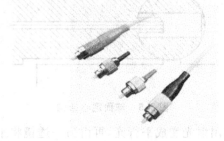 

图 3-8　FC 型光纤活动连接器　　　　图 3-9　SC 型光纤活动连接器

3)ST 型光纤活动连接器

此类连接器采用带键的卡口式锁紧结构(类似 BNC 连接结构),插针体为外径 2.5 mm 的精密陶瓷插针,插针的端面形状通常为 PC 面。图 3-10 所示的为 ST 型光纤活动连接器。

4)双锥型光纤活动连接器

此类连接器中最有代表性的产品由美国贝尔实验室开发研制,它由两个经精密模压成形的、端头呈截头圆锥形的圆管插头和一个内部装有双锥形塑料套管的耦合组件组成。图 3-11 所示的为双锥型光纤活动连接器。

 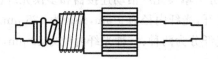

图 3-10　ST 型光纤活动连接器　　　　图 3-11　双锥型光纤活动连接器

5)DIN 型光纤活动连接器

这是一类由德国开发的连接器。此类连接器采用的插针和耦合套管的结构、尺寸与 FC 型光纤活动连接器的相同,端面处理采用 PC 研磨方式。与 FC 型光纤活动连接器相比,其结构要复杂一些,内部金属结构中有控制压力的弹簧,可以避免因插接压力过大而损伤端面。另外,此类连接器的机械精度较高,因而介入损耗值较小,结构如图 3-12 所示。

6)MT-RJ 型光纤活动连接器

MT-RJ 型光纤活动连接器起步于 NTT 公司开发的 MT 型光纤活动连接器,带有与 RJ-45 型 LAN 电连接器相同的闩锁机构,通过安装于小型套管两侧的导向销对准光纤,便于与光收发信机相连,连接器端面为双芯(间隔 0.75 mm)排列设计,是主要用于数据传输的下一代高密度光纤连接器。其结构如图 3-13 所示。

7)LC 型光纤活动连接器

LC 型光纤活动连接器是著名 Bell 研究所研究开发出来的,采用操作方便的模块化插孔(RJ)闩锁机理制成。其所采用的插针和套筒的尺寸是普通 SC、FC 等光纤活动连接器所用尺寸的一半,为 1.25 mm。这样可以提高光缆配线架中光纤连接器的密度。目前,在单模

SFF 方面,LC 型光纤活动连接器实际已经占据了主导地位,在多模方面的应用也增长迅速,其结构如图 3-14 所示。

图 3-12　DIN 型光纤活动连接器　　　　**图 3-13　MT-RJ 型光纤活动连接器**

8) MU 型光纤活动连接器

MU(Miniature Unit)型光纤活动连接器是以目前使用最多的 SC 型光纤活动连接器为基础,由 NTT 公司研制开发出来的世界上最小的单模光纤连接器,该连接器采用 1.25 mm 直径的套管和自保持机构,其优势在于能实现高密度安装。利用 MU 的 1.25 mm 直径的套管,NTT 公司已经开发了一系列的 MU 型光纤活动连接器。它们有用于光缆连接的插座型光纤活动连接器(MU-A 系列),具有自保持机构的底板连接器(MU-B 系列),以及用于连接 LD/PD 模块与插头的简化连接器(MU-SR 系列)等。随着光纤网络向更大带宽、更大容量方向的迅速发展和密集波分复用技术的广泛应用,对 MU 型光纤活动连接器的需求也将迅速增长,其结构如图 3-15 所示。

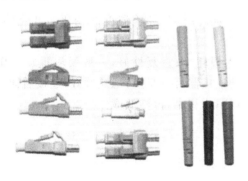

图 3-14　LC 型光纤活动连接器　　　　**图 3-15　MU 型光纤活动连接器**

3. 光纤活动连接器的特性

评价光纤活动连接器的主要指标有插入损耗、重复性、互换性、回波损耗和稳定性。

1) 插入损耗

插入损耗是指光纤中的光信号通过光纤活动连接器之后,其输出光功率相对输入光功率比率的分贝数。插入损耗的计算公式为

$$I_L = -10\lg \frac{P_1}{P_2}$$

式中:P_1——输入光功率;

P_2——输出光功率,其值越小越好。

对于多模光纤连接器来讲,注入的光功率应当经过稳模器,滤去高次模式,使光纤中的模式为稳态分布,这样才能准确地衡量光纤活动连接器的插入损耗,插入损耗越小越好。

2)重复性

重复性是指同一对插头、同一只转换器中,多次插拔之后,其插入损耗的变化范围。单位用 dB 表示。插拔的次数一般取 5 次,先求出 5 个数据的平均值,再计算相对平均值的变化范围。性能稳定的光纤活动连接器的重复性应小于±0.1 dB。重复性和使用寿命是有区别的,前者是在有限的插拔次数内,插入损耗的变化范围;后者是指在插拔一定次数后,器件就不能保证完好无损了。

3)互换性

互换性是指不同插头之间,或者不同转换器任意置换之后,引起插入损耗的变化范围。这个指标更能说明光纤活动连接器性能的一致性。质量较好的光纤活动连接器,其互换性应能控制在±0.15 dB 以内。

4)回波损耗

回波损耗又称为后向反射损耗,它是指在光纤活动连接器处后向反射光功率与输入光功率之比的分贝数,其表达式为

$$R_L = -10\lg \frac{P_r}{P_i}$$

回波损耗越小越好,以减少反射光对光源和系统的影响。

5)稳定性

稳定性是指光纤活动连接器连接后,插入损耗随时间、环境温度的变化而变化的特性,单位用 dB 表示。

对于光纤活动连接器的主要技术要求:插入损耗小;重复性好,一般要求重复使用次数大于 1000 次;一致性好,要求同一种型号的活动连接器可以互换;稳定性好,连接后插入损耗随时间、环境、温度的变化而变化不大;拆、装方便;体积小;价格低廉。

3.2 光衰减器

1. 光衰减器的作用

光衰减器是光纤通信网络或光纤测试技术中不可缺少的光器件,主要作用是对输入的光信号功率进行一定程度的衰减,以满足各种需要。在短距离、小系统光纤通信中,光衰减器用来防止输入到光端机的功率过大而溢出光接收机的接收动态范围;在光纤测试系统中,可用光衰减器来取代一段长的光纤,以模拟长距离传输情况。光衰减器如图 3-16 所示。

图 3-16 光衰减器

2. 光衰减器的分类

(1)根据光衰减器的工作原理,光衰减器可分为

耦合型光衰减器、位移型光衰减器和衰减片型光衰减器。

　　（2）根据光信号的传输方式,光衰减器可分为单模光衰减器和多模光衰减器。

　　（3）根据光信号的接口方式,光衰减器可分为尾纤式光衰减器和连接器端口式光衰减器。

　　（4）根据衰减量的变化方式,光衰减器可分为固定光衰减器和可变光衰减器。固定光衰减器引入的是一个预定损耗,具体规格有 3 dB、5 dB、10 dB、15 dB 、20 dB 、30 dB 、40 dB 等标准衰减,固定光衰减器又可分为尾纤式固定光衰减器和变换器式固定光衰减器。可变光衰减器可分为小可变光衰减器、步进可变光衰减器和连续可变光衰减器。

3. 光衰减器的工作原理

1）位移型光衰减器

　　由前面的光纤活动连接器讨论知道,当两段光纤进行连接时,必须达到相当高的对中精度,才能使光信号以较小的损耗传输过去。相反,如果改变光纤的对中精度,就可以控制其衰减量。位移型光衰减器有意让光纤在对接时,发生一定错位,使光能量损耗一些,从而达到控制衰减量的目的。位移型光衰减器可分为横向位移型光衰减器和轴向位移型光衰减器,结构如图 3-17 所示。

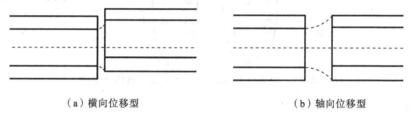

（a）横向位移型　　　　　　　　　　（b）轴向位移型

图 3-17　位移型光衰减器

2）直接镀膜型光衰减器

　　直接镀膜型光衰减器是一种直接在光纤端面或玻璃基片上镀制金属吸收膜或反射膜来衰减光能量的光衰减器。常用的蒸镀金属膜包括 AI 膜、Ti 膜、Cr 膜和 W 膜等,结构如图 3-18所示。

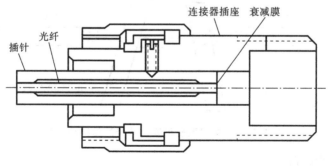

图 3-18　直接镀膜型光衰减器

3）衰减片型光衰减器

　　衰减片型光衰减器的具体制作方法是通过机械装置,将衰减片直接固定于准直光路中,在光信号经过四分之一节距自聚焦透镜准直后,通过衰减片时,光能量即被衰减,再被第二个自聚焦透镜耦合进光纤中。使用不同衰减量的衰减片,就可得到相应衰减值的光衰减器。

(1)双轮可变光衰减器。

双轮可变光衰减器利用一对单模光纤准直器,准直器由四分之一节距的自聚焦透镜和单模光纤组成。当它对光纤中传输的高斯光束进行准直时,其耦合结构中间允许有一定的间距,光衰减器正好利用其特点,在这一光路间距中插入衰减片,以实现对光功率的衰减。

① 步进式双轮可变光衰减器。

步进式双轮可变光衰减器的结构如图 3-19 所示。其光路采用准直器出射的平行光路,在光路中插入两个具有固定衰减量的衰减圆盘,每个衰减圆盘上分别装有 0 dB、5 dB、10 dB、15 dB、20 dB、25 dB 六个衰减片,通过旋转这两个圆盘,使两个圆盘上不同的衰减片相互组合,即可获得 5 dB、10 dB、15 dB、20 dB、25 dB、30 dB、35 dB、40 dB、45 dB、50 dB 等十挡衰减量。衰减片可以用金属镀膜或吸收型玻璃片来制作。如果想获得其他衰减量的步进式光衰减器,只要对衰减盘上的衰减片及位置做相应的改变,便可很容易地达到预期目的。

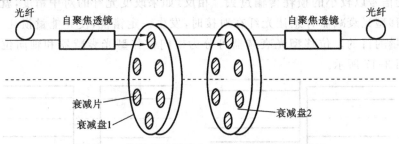

图 3-19 步进式双轮可变光衰减器的结构示意图

② 连续式双轮可变光衰减器。

连续式双轮可变光衰减器的结构和工作原理与步进式双轮可变光衰减器的相似,如图 3-20 所示。它由一个步进衰减圆盘和一片连续变化的衰减片组合而成,步进衰减片的衰减量为 0 dB、5 dB、10 dB、15 dB、20 dB、25 dB 六挡,连续变化衰减片的衰减量为 0～15 dB,因此两个衰减片叠加后得到总的衰减量调节范围为 0～40 dB。这样,通过粗挡和细挡的共同作用,即可达到连续衰减光能量的目的。

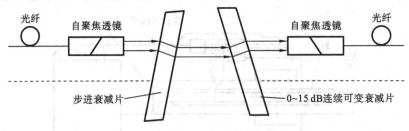

图 3-20 连续式双轮可变衰减器的结构示意图

(2)平移式光衰减器。

平移式光衰减器的结构如图 3-21 所示。平移式光衰减器中的衰减片采用连续变化的衰减片,其他元件均与双轮式结构一样。当垂直于光路平移衰减片时,就可以调节光衰减器的衰减量。这种衰减片的制作方法与扇形渐变滤光片的相似,只需将其覆盖装置做相应改变,就可使其光学密度随衰减片平移的方向呈线性变化。

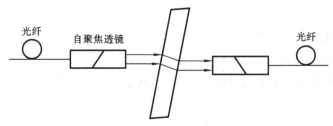

图 3-21　平移式光衰减器结构示意图

（3）智能型机械式光衰减器。

上述光衰减器由于采用了机械旋钮调节、刻度盘读数等方法，不可避免地带来了精度误差。智能型机械式光衰减器通过电路控制电动齿轮，带动平移衰减片，再将数据编码盘检测到的实际衰减量反馈信号，反馈到电路中进行修正，从而达到自动驱动、自动检测和显示光衰减量的目的，这种方法大大提高了光衰减器的衰减精度，是一种器件体积小、重量轻、使用方便的可变光衰减器。图 3-22 所示的是一种智能型机械式光衰减器的原理框图。

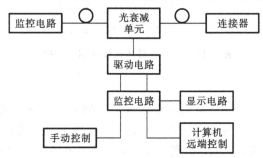

图 3-22　智能型机械式光衰减器的原理框图

4）液晶型光衰减器

图 3-23 所示的是液晶型光衰减器的工作原理示意图。其工作原理是：从光纤入射的光信号经自聚焦透镜后成为平行入射光，该平行光被分束元件 P_1 分为偏振面相互垂直的两束偏振光 o 光和 e 光，经过不加任何电压的液晶元件时，两束偏振光同时旋转 90°，旋转后的偏振光再被另一个与 P_1 光轴成 90°的分束元件 P_2 合为一束平行光，由第二个自聚焦透镜耦合进光纤。

在液晶的两个电极加上一定的电压后，液晶晶向的扭向排列便产生一定角度的偏转，使得通过液晶的部分 o 光和 e 光，发生偏振面的旋转。其中，偏振方向旋转 90°的那部分 o 光和 e 光，被分束元件 P_2 汇合成一束平行光出射，而其余的偏振光则不能被汇合，并以一定的角

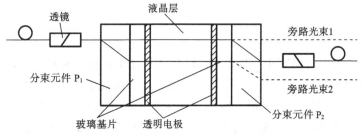

图 3-23　液晶型光衰减器的工作原理示意图

度射出光路。

4. 光衰减器插入损耗的测试

如果光衰减器尾端不带光纤活动连接器,为尾纤输出,可按图 3-24(a)所示建立测试框架,并采用熔接法将各连接点的光纤熔接在一起,其输入光功率 P_1 从剪断点测得。

衰减量 A 或插入损耗 I_L 为

$$A(\text{或 } I_L) = -10\lg \frac{P_1}{P_2}$$

如果光衰减器为连接器端口式,可按图 3-24(b)所示建立测试框架。

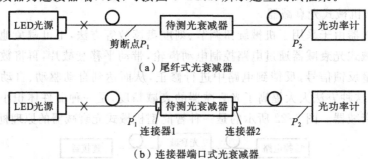

（a）尾纤式光衰减器

（b）连接器端口式光衰减器

图 3-24　光衰减器插入损耗测试方框图

5. 知识应用

由于光纤系统、EDFA、CATV 系统的设计富余度和实际系统中光功率的富余度不完全一样,在对系统进行评估,防止接收机饱和时,就必须在系统中插入光衰减器。另外,光纤光学如 OTDR 的计量定标也将使用光衰减器。图 3-25 所示的为光衰减器在 EDFA 测试系统中的应用。

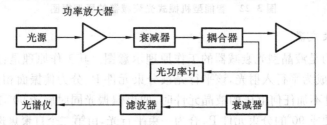

图 3-25　光衰减器在 EDFA 测试系统中的应用

3.3　光纤光栅

1. 简介

1978 年,加拿大通信研究中心的 K. O. Hill 及其合作者首次从接错光纤中观察到了光子诱导光栅。Hill 早期采用 488 nm 可见光波长的氩离子激光器,通过增加或延长输入纤芯中的光辐照时间而在纤芯中形成光栅。后来 Meltz 等人利用高强度紫外光源所形成的干涉条纹对光纤进行侧面横向曝光而在该光纤芯中产生折射率调制或相位光栅。1989 年,第一支布拉格谐振波长位于通信波段的光纤光栅研制成功。1993 年,Hill 等人提出了位相掩膜技术,它主要是利用紫外光透过相位掩膜板后的±1级衍射光形成的干涉光对光纤曝光,使纤芯折射率产生周期性变化写入光栅,此技术使光纤光栅的制作更加简单、灵活,便于批量生产。1993年,Alkins等人采用低温高压氢扩散工艺提高了光纤的光敏特性,这一技术使大批量、高质量光纤光栅的制作成为现实。这种光纤增敏工艺打破了光纤光栅制作对光纤中锗含量的依赖,使得可选择的光纤种类扩展到了普通光纤,它还大大提高了光致折射率变化量,由 10^{-5} 提高到 10^{-20},这样可以在普通光纤上制作出高质量的光纤光栅,如图3-26所示。

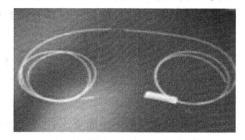

图 3-26　光纤光栅

2. 基本概念

光纤光栅是利用光纤材料的光敏性,通过紫外光曝光的方法将入射光相干场图样写入纤芯,在纤芯内产生沿纤芯轴向的折射率周期性变化,从而形成永久性空间的相位光栅,其作用实质上是在纤芯内形成一个窄带的(透射或反射)滤波器或反射镜。当一束宽光谱光经过光纤光栅时,满足光纤光栅布拉格条件的波长将产生反射,其余的波长透过光纤光栅继续传输。

3. 光纤光栅的基本特性

1) 光纤光栅的光敏性

所谓光敏性,是指激光通过掺杂光纤时,光纤的折射率随光强的空间分布发生相应的变化,变化的大小与光强呈线性关系并可永久地保存下来。这样的结果,实质上是在纤芯内形成一个窄带的滤波器或反射器。利用这一特性可以构成许多性能独特的光纤无源器件。研究表明,光纤光敏性的峰值位于 240 nm 的紫外区。

从制作光纤光栅的角度讲,光纤光敏性的核心是在光纤内如何获得较大的光致折射率改变。由于普通光纤中的 UV 光敏性有限,难以写入高反射率的光栅,除非采用载氢等增敏技术,但这不但消耗时间,还会带来光纤熔接时的危险性,同时不能在拉丝时写入光栅,从而不能大批量、快速地生产光栅,而且离线写入方式降低了光纤强度。鉴于光纤光栅的重要性和将来的大批量应用,因此需要研究专门用于 UV 写入光栅的高光敏性光纤。要想获得适用于高速通信速率的光栅器件,光致折射率变化量要达 10^{-3},因此必须研制光敏性尽量强的光敏光纤。

2) 光纤光栅的写入光源

由于光纤光栅的 UV 光敏性,故通常采用曝光 UV 光波长来制作光纤光栅,表 3-1 列出了制作光纤光栅用的 UV 光源及其性能。

表 3-1　制作光纤光栅用的 UV 光源及其性能

UV 激光器	波长范围/nm	平均功率/W	写入技术	写入效率
准分子激光器	193～248	0.3～100	相移掩膜法和逐点写入法	成栅时间短
窄线宽准分子激光器	193～248	2～10	全息写入法、相移掩膜法和逐点写入法	成栅时间短
倍频氩离子激光器	244～257	0.1～0.3	全息写入法、相移掩膜法和逐点写入法	成栅时间长

从光纤光栅的研制角度考虑,窄线宽准分子激光器最适宜,这是因为:第一,在非锗石英

光纤上制作光纤光栅所需求的曝光量极大,且单脉冲写入技术也要求使用准分子激光器,其他光源不适用;第二,这种光源具有良好的时间相干性和空间相干性。

3) 光纤光栅的写入方法

光纤光栅的折射率变化不仅依赖于光纤类型、掺杂情况、光纤温度及光纤的光照历史,还依赖于曝光波长、曝光能量。对于同种光纤,当曝光波长及光强确定时,其折射率调制度仅取决于曝光时间。

制作不同的光纤光栅要采用不同的方法。对均匀光纤光栅来说,制作方法可采用驻波法、全息干涉法、相位掩膜法和逐点写入法等,其中相位掩膜法因其诸多优点而被广泛采用。对 Blazed 型光栅来说,其制备方法基本上与均匀光栅的方法一样,只是在写入时要求光纤与模板的法线形成一个所需的夹角,或者使光源倾斜入射等。对啁啾光纤光栅,可使光纤弯曲或利用球面镜和柱面镜产生非均匀干涉场来直接写入啁啾光纤光栅。此外,采用应力、温度梯度等方法也可将均匀光栅转变为啁啾光纤光栅。对 Taper 型、Moire 型光纤光栅来说,由于折射率分布中多了一个包络因子,此包络的调制可通过曝光光束变速扫描相位掩膜板来实现,这种方法亦称为变迹曝光法。

4. 光纤光栅的分类

随着光纤光栅应用范围的日益扩大,光纤光栅的种类也日趋增多。根据折射率沿光栅轴向分布的形式,可将紫外光写入的光纤光栅分为均匀光纤光栅和非均匀光纤光栅。其中均匀光纤光栅是指纤芯折射率变化幅度和折射率变化的周期(也称光纤光栅的周期)均沿光纤轴向保持不变的光纤光栅,如均匀光纤 Brag 光栅(折射率变化的周期一般为 $0.1~\mu m$ 数量级)和均匀长周期光纤光栅(折射率变化的周期一般为 $100~\mu m$ 数量级);非均匀光纤光栅是指纤芯折射率变化幅度或折射率变化的周期沿光纤轴向变化的光纤光栅,如 chirped 光纤光栅(其周期一般与光纤 Bragg 光栅周期处同一数量级)、切趾光纤光栅、相移光纤光栅和取样光纤光栅等。

1) 均匀光纤 Bragg 光栅

均匀光纤 Bragg 光栅折射率变化的周期一般为 $0.1~\mu m$ 数量级。它可将入射光中某一确定波长的光反射,反射带宽较窄。在传感器领域,均匀光纤 Bragg 光栅可用于制作温度传感器、应变传感器等;在光通信领域,均匀光纤 Bragg 光栅可用于制作带通滤波器、分插复用器和波分复用器的解复用器等器件。

2) 均匀长周期光纤光栅

均匀长周期光纤光栅折射率变化的周期一般为 $100~\mu m$ 数量级,它能将一定波长范围内入射光前向传播芯内导模耦合到包层模并损耗掉。在传感器领域,均匀长周期光纤光栅可用于制作微弯传感器、折射率传感器等;在光通信领域,均匀长周期光纤光栅可用于制作掺铒光纤放大器增益平坦器、模式转换器、带阻滤波器等器件。

3) 切趾光纤光栅

对于一定长度的均匀光纤 Bragg 光栅,其反射谱中主峰的两侧伴随有一系列的侧峰,一般称这些侧峰为光栅的边模。如将光栅应用于一些对边模的抑制比要求较高的器件(如密集波分复用器),这些侧峰的存在是不良的因素,它严重影响器件的信道隔离度。为减小光栅边模,人们提出了一种行之有效的办法——切趾。所谓切趾,就是用一些特定的函数对光纤光栅的折射率调制幅度进行调制,经切趾后的光纤光栅(称为切趾光纤光栅)在反射谱中的边模明显降低。

4) 相移光纤光栅

相移光纤光栅是由多段 $M(M>2)$ 具有不同长度的均匀光纤 Bragg 光栅及连接这些光栅的 $M-1$ 个连接区域组成的。因为相移光纤光栅在其反射谱中存在一透射窗口而可直接用做带通滤波器。

5) 取样光纤光栅

取样光纤光栅也称超结构光纤光栅,它是由多段具有相同参数的光纤光栅以相同的间距级联而成的。除了用做梳状滤波器之外,取样光纤光栅还可用做 WDM 系统中的分插复用器件。与其他分插复用器件不同的是,取样光纤光栅构成的分插器件可同时分或插多路信道来间隔相同的信号。

6) chirped 光纤光栅

所谓 chirped 光纤光栅,是指光纤的纤芯折射率变化幅度或折射率变化的周期沿光纤轴向逐渐变大(小)而形成的一种光纤光栅。在 chirped 光纤光栅轴向不同位置可反射不同波长的入射光,所以 chirped 光纤光栅的特点是反射谱宽,在反射带宽内具有渐变的群时延,群时延曲线的斜率即光纤光栅的色散值,可以利用 chirped 光纤光栅作为色散补偿器。

5. 光纤光栅应用

利用 FBG 的窄谱反射特性,可以制作出分辨各种波长的器件,这些器件正好满足日益发展的 DWDM 系统的需要。就目前而言,FBG 在 DWDM 光子网络中的应用几乎涉及光发射、光放大、光滤波、光交换、光吸收以及色散补偿等各种领域,如图 3-27 所示。

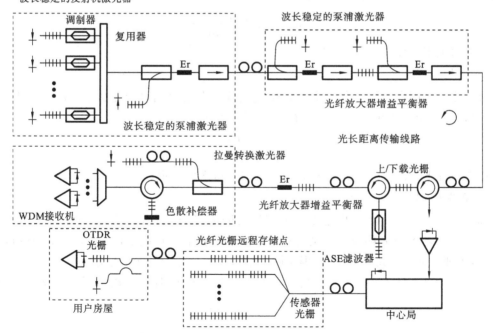

图 3-27　FBG 在 DWDM 全光网络中的应用

3.4　光耦合器

光耦合器(Optical Coupler, OC)也称为光电隔离器,简称光耦。光耦合器以光为媒介传输电信号,它对输入、输出电信号有良好的隔离作用。光耦合器是将光信号进行分路或合路、插入及分配的一种器件。在光纤通信网络或光纤测试中,需要从光纤的主传输信道中取出一部分光作为监测、控制等使用;有时也需要把两个不同方向来的光信号合起来送入一根光纤中传播,这都需要光耦合器来完成。光耦合器按其结构,可分为棱镜式耦合器和光纤式耦合器两类。其中,光纤式耦合器体积小,工作稳定可靠,与光纤连接比较方便,是目前较常使用的一类。

1. 光耦合器的分类

光耦合器已形成一个多功能、多用途的产品系列。从功能上看,它可分为光功率分配耦合器和光波长分配耦合器;从端口形式上分,它包括 X 形(2×2)耦合器、Y 形(1×2)耦合器、星形($N×N, N>2$)耦合器及树形($1×N, N>2$)耦合器等;从工作带宽的角度,它可分为单工作窗口的窄带耦合器、单工作窗口的宽带耦合器和双工作窗口的宽带耦合器。另外,由于传导光模式的不同,它又分为多模耦合器和单模耦合器。

2. 光耦合器的特性

1) 插入损耗(α_c)

插入损耗表示光耦合器损耗的大小,它定义为输出光功率之和相对全部输入光功率的减少值,该值通常以分贝为单位。如由端口 1 输入的光功率为 P_1,由端口 2 和端口 3 输出的光功率分别为 P_2 和 P_3,则插入损耗为

$$\alpha_c = -10\lg\frac{p_2+p_3}{p_1}$$

一般情况下,要求 $\alpha_c \leqslant 0.5$ dB。

2) 分光比(T)

分光比是光耦合器所特有的技术术语,它定义为各输出端口的光功率之比。如从端口 1 输入光信号,从端口 2 和端口 3 输出光信号,则分光比为

$$T = \frac{P_3}{P_2}$$

一般情况下光耦合的分光比为 1∶1～1∶10,由需要决定。

3) 隔离度(A)

隔离度是指某一光路对其他光路中信号的隔离能力,隔离度越高,意味着线路之间的"串话"越小。以 X 形光耦合器为例,由端口 1 输入光信号功率为 P_1,从端口 2 和端口 3 输出,端口 4 理论上应无光信号输出,但实际上端口 4 还是有少量光信号输出(P_4),则端口 4 输出光功率与端口 1 输入光功率之比的分贝值即为端口 1 和端口 4 的隔离度。其表达式为

$$A_{1,4} = -10\lg\frac{p_4}{p_1}$$

一般情况下,要求 $A > 20$ dB。

3.5 光滤波器

光耦合器或光复用器可把不同波长的光复用到一根光纤中,不同的波长传载着不同的信息。那么在接收端,要从光纤中分离出所需的波长,就要用到光滤波器。光滤波器是用来进行波长选择的仪器,它可以从众多的波长中挑选出所需的波长,而除此波长以外的光将会被拒绝通过。它可以用于波长选择、光放大器的噪声滤除、增益均衡、光复用、解复用等。

1. 光滤波器的工作原理

1)干涉膜滤波原理

干涉膜的结构如图 3-28 所示,它由两种折射率大小不等的介质膜交替叠加而成。其厚度为 1/4 波长,通过选择不同的介质膜来构成长波通、短波通和带通滤波器。高折射率层反射的光线其相位不会偏移,低折射率层反射的光线其相位偏移 180°。通过每层薄膜界面上多次反射和透射光的线性叠加,当光程差等于光波长或是同相位时,多次透射光就会发生干涉,同相加强,形成强的透射光波,而反相光波相互抵消。通过适当设计多层介质膜系统,就可得到滤波性能良好的滤光片。

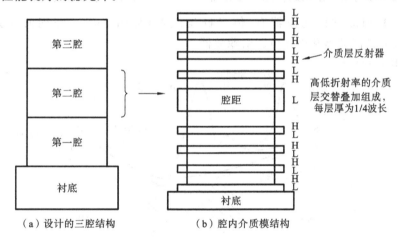

（a）设计的三腔结构　　　（b）腔内介质模结构

图 3-28　干涉膜滤波结构示意图

干涉膜滤光片的每一层薄膜类似于法布里-泊罗(F-P)腔。众所周知,法布里-泊罗腔的选频特性是基于在腔内形成驻波,通过对腔长的控制来控制谐振波的多少,当腔长很短时,只允许几个甚至一个波存在。由于干涉膜是多层结构,从而可以达到对多种波长的选择。

2)耦合模滤波原理

当两根单模光纤通过熔融拉锥而使其芯部很接近时,在锥形的腰部,其中一根光纤中传输多波长信号,其基模(芯模)将会通过消失场变为耦合模。而耦合比的大小由锥形几何尺寸分布所决定。当某一波长有较大耦合比时,就可从混合波中分离出来,从而达到光滤波作用。单模光纤方向耦合器作 c 光解复用器就是利用这种原理。

如图 3-29 所示是利用耦合模理论制作的光滤波器及光的上下复用器(OADM)。当复用光波信号从端口 1 输入时,由于耦合模 λ_3 与微球谐振腔发生共振,而从端口 3 输出(滤波作用）。当 λ_3 从端口 4 输入时，由于耦合而进入端口 2 的复用光波之中，从而实现了 OADM 的功能。以上是光滤波器的最基本也是最重要的理论基础。利用这些理论或这些理论的相互结合就可研制出各种各样的光滤波器，包括平面集成器件，如 AWG 等。

2. 光滤波器的分类

（1）基于干涉原理的滤波器有：熔锥光纤滤波器、Fabry-Perot 滤波器、多层介质膜滤波器（见图 3-30）、马赫-曾德干涉滤波器。

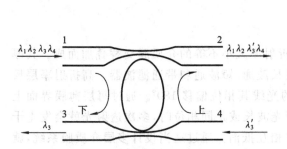

图 3-29　锥光纤与微球谐振腔组成的光上下复用器　　　　**图 3-30　多层介质膜滤波器原理图**

（2）基于光栅原理的滤波器有：体光栅滤波器（见图 3-31）、阵列波导光栅滤波器（AWG）、光纤光栅滤波器和声光可调谐滤波器。

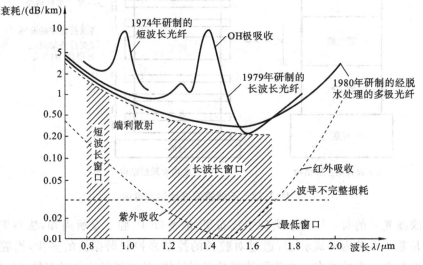

图 3-31　体光栅滤波器示意图

3.6　光波分复用器

光波分复用器（Wavelength Division Multiplexing，WDM）技术是在一根光纤上能同时传送多波长光信号的一项技术。它是在发送端将不同波长的光信号组合起来（复用），并耦合到光缆线路上的同一根光纤中进行传输，在接收端又将组合波长的光信号分开（解复用）并作进一步处理，恢复出原信号送入不同的终端。因此，此项技术称为光波长分割复用，简称光波分复用技术。

1. 光波分复用器的工作原理

光波分复用器属于波长选择性耦合器,是一种用来合成不同波长的光信号或者分离不同波长的光信号的无源器件,前者称为"复用器",后者称为"解复用器"。波分复用系统原理如图 3-32 所示。

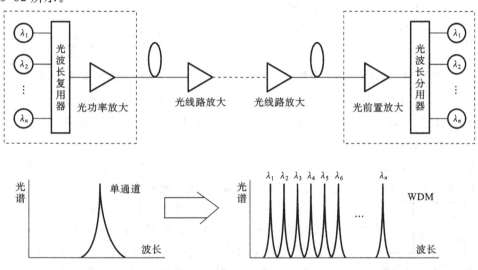

图 3-32　波分复用系统原理

波分复用器和解复用器结构如图 3-33 所示。

当器件用做解复用器时,注入到入射端(单端口)的各种光波信号,分别按波长传输到对应的出射端(n 个端口之一)。对于不同的工作波长其输出端口是不同的。当给定工作波长的光信号从输入单端口传输到对应的输出端口时,器件具有最低的插入损耗,而其他输出端口对该输入光信号具有理想的隔离。

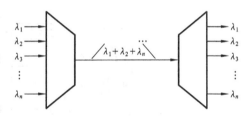

图 3-33　波分复用器和解复用器结构

当器件用做复用器时,其作用与上述情况相反。给定工作波长的光信号从输入端口(n 个端口之一)被传输到单端口时,具有最低的插入损耗,而其他输入端对该输入光则有理想的隔离。

2. 光波分复用器的制造方法

1) 棱镜型光波分复用器

棱镜型光波分复用器是利用棱镜的色散作用来实现波长分离的。一束复色光入射棱镜时,由于棱镜材料折射率随光波长而异,使得不同波长的光具有不同的折射角,经两次折射之后,不同波长的光信号就可以相互分离,如图 3-34 所示。这是早期使用的一种光波分复用器,它结构简单,但色散系数小,插入损耗较大,性能指标难以提高。

2) 衍射光栅型光波分复用器

衍射光栅型光波分复用器则是利用光栅的衍射作用来工作的,如图 3-35 所示。当一束

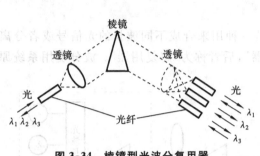

图 3-34 棱镜型光波分复用器

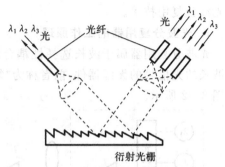

图 3-35 衍射光栅型波分复用器

复色光入射到衍射滤光片时,由于不同的波长具有不同的衍射角,从而彼此相互分离,与前两种分光元件相比,衍射光栅的通带带宽窄、前后沿陡,因此可复用信道数更多。

3) 介质膜型光波分复用器

图 3-36 所示的是一种典型的两波长波分复用器的原理图。它是由双光纤、1/4 自聚集透镜和多层介质膜构成。其光学膜一般镀制成截止(短波或长波截止)滤光片或带通滤光片。

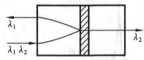

图 3-36 两波长波分复用器

若将多个波长的通带波分复用滤光器以一定方式连接起来,便可构成所需信道数的波分复用器,图 3-37 所示的为一个利用介质膜滤光器串接构成的 4 信道光波分复用器的原理图,图 3-38 所示的为一个根据该原理支撑的 8 信道光波分复用器,它用 9 支自聚透镜光纤软线、8 组滤光片和一个通光基体构成。

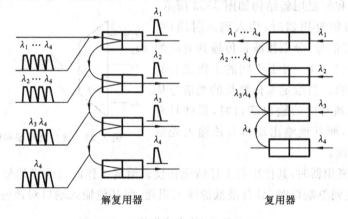

解复用器 复用器

图 3-37 4 信道光波分复用器原理图

4) 光纤光栅型光波分复用器

光纤光栅型光波分复用器是利用紫外激光诱导光纤纤芯折射率分布呈周期性变化的机制而形成的折射率光栅。利用这种折射率光栅,让特定波长的光通过反射和衰减实现波长选择,便可制作成光波分复用器。当折射率的周期变化满足布拉格光栅条件时,该光栅相应波长的光子就会产生全反射而其余波长的光子顺利通过,这相当于一个带阻滤波器。如果 n 个波长复用在单根光纤上,在光纤上需串接 $n-1$ 个相应波长的反射型光栅,每个光栅只有一个波长被反射。图 3-39 所示的为利用布拉格光栅构成的三种不同结构形成的 8 路波分复用器结构原理图。

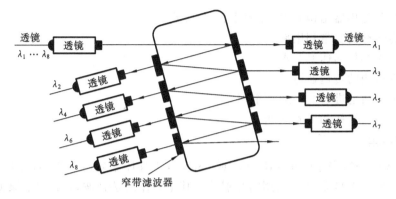

图 3-38　由介质膜滤波器构成的 8 信道光波分复用器

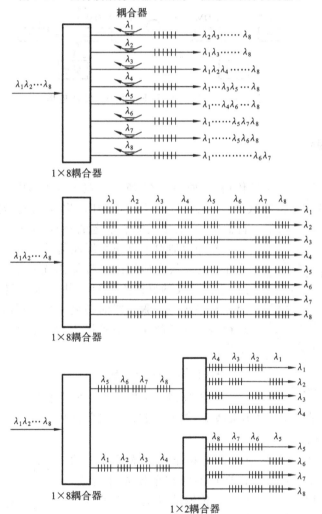

图 3-39　利用布拉格光栅构成的三种不同结构形成的 8 路波分复用器结构原理图

3. 光波分复用器的特点

光波分复用器的特点如下。

（1）光波分复用器结构简单、体积小、可靠性高。

（2）提高光纤的宽带利用率。

（3）降低对器件的速率要求。

（4）提供透明的传送通道。

（5）可更灵活地进行光纤通信组网。

（6）存在插入损耗和串光问题。

4. 知识应用

在 EDFA 中一般采用的是 1480 nm 或 980 nm 半导体激光器泵源，那么 1480/1550 nm、980/1550 nm 的 WDM 是必须采用的光器件。其主要作用是合波，将信号和泵源信号合波输入 EDFA 中，使得信号放大，如图 3-40 所示。

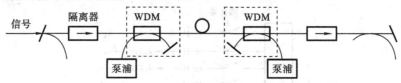

图 3-40　一种典型 EDFA 中 WDM 的应用

3.7　光隔离器

光隔离器是一种光非互易传输器，如图 3-41 所示。在光隔离器中，当光信号沿正向传输时，具有很低的损耗，光路被接通；当光信号沿反向传输时，损耗很大，光路被阻断。在光环行器中，光信号只能沿规定的路径环行，否则就具有很大的损耗。光隔离器对于高速光纤通信系统具有十分重要的意义，因为在这种系统中应用的半导体激光对于反馈光的影响十分敏感，千分之几的反馈光就可能使系统误码率增加几个数量级，因此几乎每一个激光器前必须加装光隔离器才能够正常工作，这种潜在的广阔应用前景极大地促进了光隔离器的研究与开发工作。

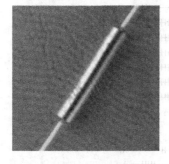

图 3-41　光隔离器

1. 光隔离器的组成

光隔离器的工作原理主要是利用磁光晶体的法拉第效应，主要由单模光纤准直器、法拉第旋转器、偏振器和其他光学元件组成。

1）单模光纤准直器

单模光纤准直器是光纤通信系统和光纤传感系统中的基本光学器件，它由本节距的自聚焦透镜和单模光纤组成，如图 3-42 所示。其用途是对光纤中传输的高斯光束进行准直，以提高光纤与光纤间的耦合效率。

图 3-42　单模光纤准直器

2）法拉第旋转器

1845 年，法拉第发现原来不具有旋光性的物质，在磁场的作用下，偏振光通过该物质时其振动面将发生旋转，这种现象称为磁致旋光效应，也称为法拉第磁光效应。

在法拉第旋转效应中,磁场对磁光材料产生作用,是导致磁致旋光现象发生的原因,所以磁光材料引起的光偏振面旋转的方向取决于外加磁场的方向,与光的传播方向无关。迎着光看去,当偏振光沿磁力线方向通过磁光介质时,其振动面向右旋转;当偏振光沿磁力线反方向通过磁光介质时,其振动面则向左旋转。旋转角 θ 的大小受磁光材料的旋磁特性、长度、工作波长及磁场强度的影响。

典型的光隔离器采用法拉第旋转器,旋光转角为 $45°$,其材料主要有 YIG 晶体和高性能磁光晶体两种。

3）偏振器

绝大部分常规隔离器所采用的偏振器为偏振棱镜或偏振片,类型有以下几种。

（1）双折射晶体。

双折射现象是各向异性介质晶体的主要性质。在光隔离器中作为偏振器用的晶体均为单轴晶体,如方解石、金红石、钒酸钇、铌酸锂等。

单轴晶体中只存在一个光轴,当光沿着光轴方向传播时,光束以折射率 n_0 发生折射而不出现双折射现象;当光沿着其他方向传播时,光束则被分为两束线偏振光:o 光和 e 光。o 光为寻常光线,e 光为非寻常光线,其中 o 光折射率为常数 n_0,e 光折射率则随光传播方向与晶轴的夹角改变而改变,如图 3-43 所示。

（2）薄膜起偏分束器（SWP）。

薄膜起偏分束器是利用人造各向异性介质来制作的,剖面结构如图 3-44 所示。制作时,将折射率分别为 n_1、n_2 的两种电介质材料以周期 P 层叠在一起,周期 P 比波长 λ 小很多。设每层与 z 轴的夹角为 θ,折射率为 n_1 的电介质层相对于周期 P 的厚度为 q,入射光在 SWP 中分为 o 光和 e 光的夹角为 ϕ,那么通过选择 n_1、n_2、q 和 θ,可以获得最佳的光束分离角 ϕ。

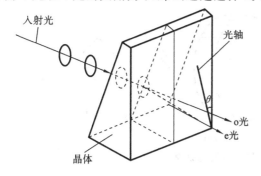

图 3-43　双折射单轴晶体

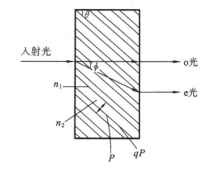

图 3-44　薄膜起偏分束器

（3）线栅起偏器。

线栅起偏器由金属和电介质周期性交替层叠构成,制作时将蒸镀好的层叠材料从侧面切割成薄片,其两侧端面镀制防反射膜,即成线栅。其结构如图 3-45 所示。线栅起偏器的起偏原理是:当光束经线栅起偏器透射过去的时候,其振动方向与线栅方向平行的线偏振光被吸收,垂直于线栅方向的那一部分则无阻挡地通过,从而实现光束起偏。

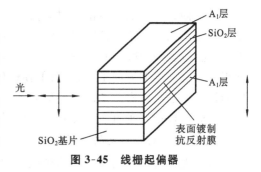

图 3-45　线栅起偏器

（4）玻璃偏振器。

玻璃偏振器是一种新型的起偏材料。它是以掠入射的方式在硼硅酸盐的 SiO_2 基片上溅射银粒子，由于银粒子很长，通过一定的方法激化，即可使银粒子按预定的方向排序成一条条规则的短线，其性能类似一个线栅起偏器，如图 3-46 所示。当光束经玻璃偏振器透射过去的时候，其振动方向与银粒子方向平行的线偏振光由于与银粒子发生碰撞，其能量被吸收；而垂直方向的那一部分光则无阻挡地通过，最后从玻璃偏振器出射的光为线偏振光。

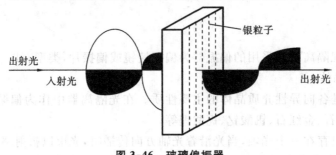

图 3-46　玻璃偏振器

2. 光隔离器的作用和工作原理

光隔离器依据的原理是法拉第旋转效应，即当光波通过置于磁场中的法拉第旋转光片时，光波的偏振方向总是沿与磁场（H）方向构成右手螺旋的方向旋转，而与光波的传播方向无关。这样，当光波沿正向和沿反向两次通过法拉第旋转光片时，其偏振方向旋转角将叠加而不是抵消（如在互易性旋转光片中的情形），这种现象称为"非互易旋转性"。

光隔离器有两种类型：与偏振有关的光隔离器和与偏振无关的光隔离器。图 3-47 所示为光隔离器结构原理图。

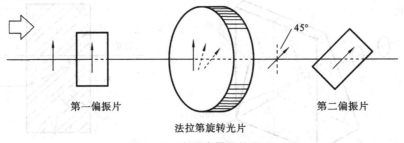

图 3-47　光隔离器结构原理

1）与偏振相关的光隔离器的工作原理

与偏振有关的隔离器由一对偏振方向成 45°旋转的偏振片（起偏器和检偏器）和 45°法拉第旋转光片构成。正向传输时其入射光应为偏振光（否则增加 3 dB 损耗）。当光沿正向（+z方向）通过旋转光片时，其偏振方向将沿与磁场成右手螺旋方向旋转 45°（设磁场 H 与+z 方向平行），恰与检偏方向平行，故可低损耗传输；当光沿反向（z 方向）通过旋转光片时，其偏振方向将沿与磁场成右手螺旋方向旋转 45°，再经过旋转光片后，又继续旋转 45°，从而使光的偏振方向与检偏器垂直，不能通过，达到了光隔离的目的。

2）与偏振无关的光隔离器的典型结构和工作原理

与偏振无关的隔离器的结构稍微复杂一些，它由一对偏振分光镜、45°法拉第旋转光片和

45°互易旋片(波片或石英片)构成,其输入光的偏振态可任意变化,并不影响器件性能。当光沿正向传输时,入射光在偏振分光镜中被分解成为偏振方向相互垂直的两束线偏振光,经法拉第旋转光片之后,偏振方向分别沿右手螺旋方向旋转 45°,再经互易旋转光片之后,又沿左手螺旋方向旋转 45°,即偏振方向恢复原态,然后由第 2 个偏振镜合光输出,具有低损耗;当光反向传输时,光的偏振方向在两个旋转光片中旋转方向一致,即合成旋转 90°,这样就不能够由偏振镜合成输出,实现光隔离。下面给出了几种结构的与偏振无关的光隔离器,如图 3-48 所示。

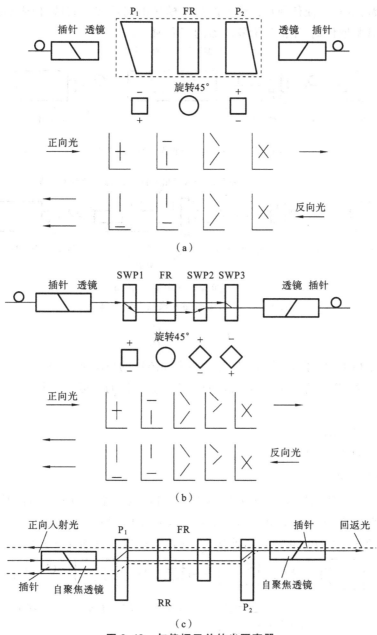

图 3-48　与偏振无关的光隔离器

3. 光隔离器的特点

光隔离器的特点是高隔离度、低插入损耗；高可靠性、高稳定性；极低的偏振相关损耗和偏振模间色散。

4. 相关参数测量

1）插入损耗的测试

光隔离器插入损耗的测试方框图如图 3-49 所示。测试插入损耗时要注意的是光源的波长在工作波长范围内，并使任何可能输入的高次模光得到足够的衰减，使光隔离器的输入端和检测器处仅有基模传输；光信号沿隔离器的正向输入。

（a）连接器端口式与偏振无关的光隔离器

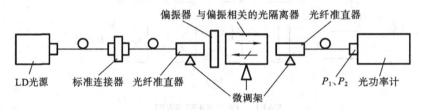

（b）与空间偏振相关的光隔离器

图 3-49　光隔离器插入损耗测试方框图

插入损耗

$$I_L = -10 \lg \frac{P_2}{P_1}$$

测量与偏振相关的光隔离器时，P_1 为不插入隔离器的情况下，将准直器调节到最小损耗时测得的初始功率；P_2 为插入隔离器后将隔离器和偏振器的偏振方向调到一致时，测得的光功率。

2）反向隔离度的测试

反向隔离度的测试按图 3-49 所示进行。

3）回波损耗的测试

测试时选择一个插入损耗小，分光比为 1∶1、带连接器端口的定向耦合器进行测试。其测试方框图如图 3-50 所示。现将耦合器的第三端口用匹配液匹配起来，用光功率计测得耦合器第二端口的光功率 P_0，再将隔离器接上，并在隔离器的尾端涂好匹配液，测得耦合器第

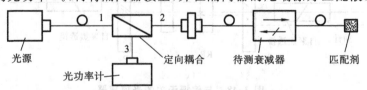

图 3-50　回波损耗耦合器测试法方框图

三端口的回返光功率 P_1，即得到被测隔离器的回波损耗。

5. 知识应用

光隔离器的典型应用在 EDFA 中，如图 3-51 所示。

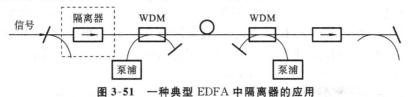

图 3-51　一种典型 EDFA 中隔离器的应用

3.8　光开关

光开关是一种具有一个或多个可选择的传输端口，可对光传输线路或集成光路中的光信号进行相互转换或逻辑操作的器件，如图 3-52 所示。端口即指连接于器件中允许光输入或输出的光纤或光纤连接器。光开关可用于光纤通信系统、光纤网络系统、光纤测量系统或仪器及光纤传感系统，起到开关切换作用。光开关的主要性能指标有：开关速度、插入损耗、信道隔离比（串扰损耗）。

1. 光开关的种类

光开关按其工作时的介质，可分为自由空间光开关和波长光开关；如按其工作原理，可分为为机械式光开关和非机械式光开关两大类。

图 3-52　光开关

机械式光开关靠光纤或光学元件移动，使光路断开或闭合。它的优点是插入损耗较低，一般不大于 2 dB；隔离度高；不受偏振和波长的影响。不足之处是开关时间较长，一般为毫秒数量级，有的还存在回跳抖动和重复性较差的问题。

非机械式光开关则依靠电光效应、磁光效应、声光效应及热光效应来改变波导折射率，使光路发生改变，完成开关功能，所以非机械式光开关又称为波导式光开关。这类开关的优点是开关时间短，达到毫微秒数量级甚至更低；体积小，便于光集成或光电集成。其不足之处是插入损耗大，隔离度低。

从端口数量上来分，光开关可分为最为简单的 1×1（即通断开关）、1×2、$1 \times N$（目前已有 N 等于 100）、2×2、4×4、$N \times M$（目前已有 78×78）等光开关。

光开关分类总结如下：

工作原理
- 机械式
  - 移动光纤式
  - 移动套管式
  - 移动准直器式
  - 移动反光镜式
  - 移动棱镜式
  - 移动耦合器式
- 非机械式
  - 电光效应式
  - 声光效应式
  - 磁光效应式
  - 热光效应式

端口数量
- 1×1 或双 1×1
- 1×2 或双 1×2
- $1 \times N$ 或双 $1 \times N$
- 2×2 或双 2×2
- $M \times N$
- $1 \times M \times N$

1）机械式光开关

（1）移动光纤式光开关。

在移动光纤式光开关的输入端或输出端中,其中一端的光纤是固定的,而另一端的光纤是活动的。通过移动活动光纤,使之与固定光纤中的不同端口相耦合,从而实现光路的切换。活动光纤的移动可借助于:机械方式,如直接用外力来移动;电磁方式,如通过电磁铁的吸引力来移动;还可以利用压电陶瓷的伸缩效应来移动光纤,如图3-53所示。

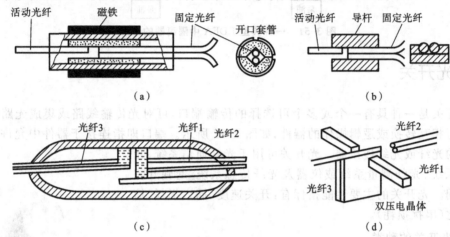

图 3-53　几种移动光纤式光开关

（2）移动套管式光开关。

移动套管式光开关的基本结构是输入或输出光纤都分别固定在两个套管之中,其中一个套管固定在其底座上,另一个套管可带着光纤相对固定套管移动,从而实现光路的转换。这就要求活动套管以很高的精度定位在两个或多个位置上。图3-54(a)、(b)所示的分别表示2×2光开关动作前和动作后的两种状态。光开关动作前,端口1与端口3、端口2与端口4接通;光开关动作后,端口1与端口4、端口2与端口3接通。这里用一个回环光路起光路搭桥的作用。

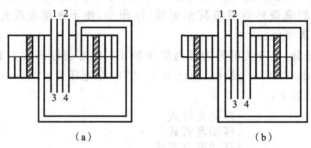

图 3-54　移动套管式光开关

（3）移动透镜型光开关。

移动透镜型光开关的输入/输出端口的光纤都是固定的,它依靠微透镜精密、准直来实现输入/输出光路的连接,即光从输入光纤进入第一个透镜后输入光变成平行光,这个透镜装在一个由微处理器控制的步进电机或其他移动机构上,通过透镜的移动将输入透镜的光准直到输出透镜或零位置(无输出光的位置)上。当两透镜成互相准直状态后,光被输出透镜聚集进入输出光纤。

(4) 移动反射镜型光开关。

与移动透镜型光开关相类似,移动反射镜型光开关中的输入/输出端口的光纤都是固定的。它依靠旋转球面或平面反射镜,使输入光与不同的输出端口接通。图 3-55(a)、(b)所示的分别是移动球面镜的 1×2 和 2×2 旁路开关示意图。图 3-55(c)中,端口 1 与端口 2、端口 3 与端口 4 接通,当球面镜旋转 90°时,端口 1 与端口 3、端口 2 与端口 4 接通,构成一个旁路开关。

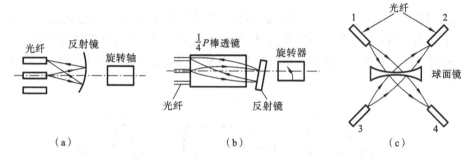

图 3-55 移动反射镜光开关

(5) 移动棱镜型光开关。

移动棱镜型光开关的基本结构是输入/输出光纤与起准直作用的光学元件如自聚焦透镜、平凸棒透镜、球透镜等相连接,固定不动,通过移动棱镜而改变输入/输出端口的光路,如图 3-56 所示。

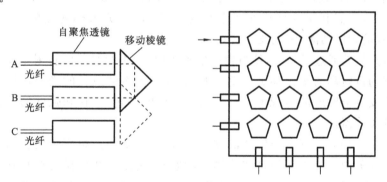

图 3-56 移动棱镜型光开关

(6) 移动自聚焦透镜型光开关。

自聚焦透镜特别适用于光纤与光纤的远场耦合,因此广泛应用于各种光学器件中。在光开关中,除 $P/4$ 的自聚焦透镜可用于准直耦合外,$P/2$ 的自聚焦透镜还可用做移动光束的开关元件。图 3-57 所示的是 1×2 光开关示意图。

2) 非机械式光开关

(1) 极化旋转器构成的光开关。

这种光开关由自聚焦透镜、起偏器、极化旋转器和检偏器组成,如图 3-58 所示。起偏器

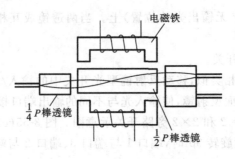

图 3-57 1×2 光开关示意图

与检偏器之间的角度为 90°,平行光通过起偏器后变成偏振光并通过极化旋转器。当极化旋转器未加偏压时,不改变光束的偏振方向,使光束不能通过检偏器,开关处于"关"的状态;当偏压加到极化器上,将使光的偏振方向发生 90° 的旋转,从而使光束通过了检偏器,开关处于"通"的状态。

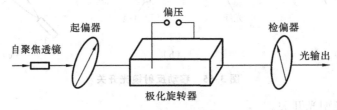

图 3-58 极化旋转器构成的光开关

(2) 波导型光开关。

某些材料(如晶体或高分子聚合物)在电场、磁场、声波或热的作用下,其折射率或介电常数将发生变化,人们利用各种特性产生的电光、磁光、声光或热光效应,可以实现光的开关、调制或模式的转换功能,做成波导型光开关。

声光效应是指波通过材料时,使材料产生机械应变,引起材料的折射率发生变化。应变及由此而引起的折射率的变化都是周期性的,波长等于声波波长的光通过折射率周期性变化的材料时将发生衍射或散射现象。利用衍射光束的偏转、频移和强度的变化可以做成声光调制器或开关等器件。

磁光效应是一种非常有实用价值的物理现象,它包括法拉第旋转效应、克尔效应、磁双折射等。在光开关中主要用到的是法拉第旋转效应,它是指线偏振光在具有磁矩的物质中传播时,偏振面将发生旋转的一种物理现象。这是由于磁性介质与光波电磁场相互作用的结果,它与介质的介电线量 ε、电导张量 σ、磁导张量 μ 等密切相关。

热光效应是指当介质材料的温度发生变化时引起材料折射率的变化。一般来说,电光晶体的折射率具有较大温度系数,其他材料也会产生这种效应。利用热光效应可以制成转向器、光开关或调制器,如图 3-59 所示。

2. 光开关的特性参数

光开关的特性参数主要有插入损耗、回波损耗、隔离度和开关时间等。

1) 插入损耗

插入损耗是指系统接入光开关后所产生的附加损耗。它包括两个方面:一个是器件本

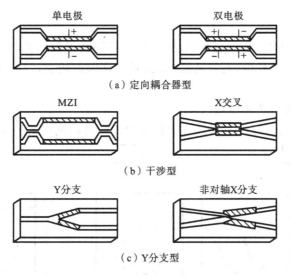

单电极　　　　　　　　双电极

（a）定向耦合器型

MZI　　　　　　　　X交叉

（b）干涉型

Y分支　　　　　　　非对轴X分支

（c）Y分支型

图 3-59　几种波导型光开关

身存在的固有损耗;另一个就是器件接入光纤线路连接点上产生的连接损耗,这个值越小越好。插入损耗一般用输入与输出之间光功率减少的分贝值表示。插入损耗与开关的工作状态有关,即

$$\alpha_c = 10\lg\frac{P_i}{P_o}$$

式中:P_i——输入端的光功率;

P_o——输出端的光功率。

2）回波损耗

回波损耗是指从输入端返回的光功率与输入光功率的比值,用分贝表示。回波损耗与开关的工作状态有关,即

$$\alpha_r = 10\lg\frac{P_i}{P_r}$$

式中:P_i——输入端的光功率;

P_r——输入端返回的光功率。

3）隔离度

隔离度是指两个相隔离输出端口光功率的比值,以分贝表示,即

$$A = 10\lg\frac{P_{in}}{P_{im}}$$

式中:m,n——开关的两个隔离端口(m≠n);

P_{in}——光出 i 端口输入时 n 端口输出的光功率;

P_{im}——光从 i 端口输入时 m 端口输出的光功率。

4）开关时间

开关时间是指开关端口从某一初始状态转换为通或断所需要的时间,从开关上施加或撤去转换能量的时刻算起。

3. 知识应用

光开关的应用范围有：光纤环路、自动测量、光纤网络远程监控、光路切换、系统监测、实验室研发、动态配置分插复用、光路监控系统、光环路保护切换试验、光纤传感系统、光器件测试与研究。

下面给出 $1 \times N$ 光开关的应用。

图 3-60 所示的是 $1 \times N$ 光开关与光时域反射计组合的测试系统示意图。

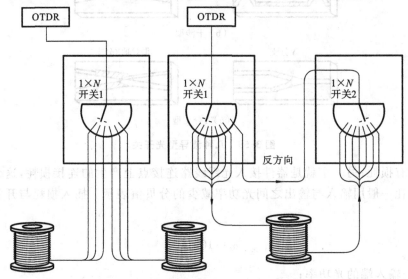

图 3-60 $1 \times N$ 光开关与光时域反射计组合的测试系统示意图

3.9 思考题

3-1 光纤活动连接器的结构组成有哪些？

3-2 光纤固定连接技术的主要技术环节有哪些？

3-3 简述光波分复用器的工作原理和基本结构。

3-4 简述什么是法拉第旋转效应。

3-5 简述光隔离器的工作原理和基本结构。

3-6 简述光衰减器的基本结构和工作原理。

3-7 简述光滤波器的分类和工作原理。

3-8 简述光开关的种类。

第4章　光纤有源器件

◆ 本章重点
　　☼ 原子发光的机理
　　☼ LD 和 LED 的工作原理及性能
　　☼ PIN 和 APD 的工作原理及性能
　　☼ 光纤激光器的结构、特点及应用
　　☼ 光纤放大器的结构、特点及应用

光纤通信系统涉及的知识和技术很多,除了第 3 章介绍的光纤无源器件之外,还有许多有源器件,其中光源和光电检测器件是光纤通信系统中的核心有源器件。光纤通信系统采用光源作为光载波,通过光纤这种传输介质,完成通信全过程。然而,目前各种终端设备多为电子设备,因此要在输入端先将电信号变成光信号,也就是用电信号调制光源;在光纤输出端要将光信号再变成电信号,也就是用光电检测器件把光信号再变成电信号。此外,为了进一步提高光纤传输距离和传输容量,使用半导体光源可以很好地满足通信,并且采用光纤放大器等有源器件,这些器件大多属于半导体器件。本章将从半导体的原子发光机理(即光源的发光机理)入手,介绍常用的两种光源(LD 和 LED)、两种光电检测器件(PIN 和 APD)、光纤激光器、光纤放大器等的工作原理及应用。

4.1　半导体原子发光机理

物质是由原子组成的,各种发光现象,都与光源内部原子的运动状态有关,并且在许多方面与从单个原子发出的光类似。因此,本节先简要介绍原子发光的过程,然后介绍自发辐射、受激辐射和受激吸收这三种与原子发光有关的过程,在此基础上明确激光的形成。

4.1.1　半导体的能带结构

1. 电子的共有化运动

半导体材料大多数是单晶体的,它们是由大量的原子按一定的规则排列的,其中的电子运动状态与单个原子中的电子状态不同。单个原子的电子按照一定的壳层排列,每一壳层容纳一定数量的电子。而在晶体中大量原子紧密结合在一起,原子间距很小,以致原子的各个壳层之间有不同程度的交叠。最外面的电子壳层交叠最多,内层交叠较少,如图 4-1 所示。壳层的交叠使外层的电子有可能在整个晶体中运动,晶体中电子的这种运动称为电子的共有化运动。电子的共有化运动只能在原子中相似的壳层间进行,只有获得外来能量或释放

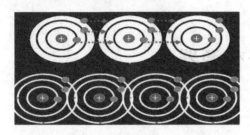

图 4-1　晶体中电子的共有化运动示意图

能量才能跃迁到其他壳层上去。

2. 能带的形成及结构

电子共有化运动会使本来处于同一能量状态的电子发生微小的能量差异。一个电子能级能分裂成 N 个新的靠得很近的能级,这 N 个新能级之间能量差异极小,于是这 N 个能级几乎连成一片而形成具有一定宽度的能带,习惯上,可以画一条条水平线,用其高低代表能量的大小,如图 4-2 所示。能带是描述晶体中电子能量状态的重要方法。

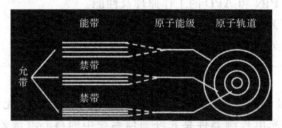

图 4-2　原子能级分裂为能带示意图

原子中每一电子所在能级在晶体中都分裂为能带。这些允许被电子占据的能带称为允带。允带之间的范围是不允许电子占据的,这一范围称为禁带。内层低能级所分裂的允带总是被电子先占满,然后再占据能量更高的外面一层允带。在晶体原子中最外层的电子为价电子,相应的,最外层电壳层分裂所成的能带称为价带。比价带能量更高的允带称为导带。通常,与半导体电特性有关的能带是导带和价带,两者能量差称为禁带宽度,用 E_g 表示。

3. 原子发光的机理

当电子在某一个固定的允许轨道上运动时,并不发射光子。通常情况下,原子处于能量最低的基态。当外界向原子提供能量时,原子由于吸收了外界能量,原子内部的电子可以从低轨道跃迁到某一高轨道,即原子跃迁到某一高能态,也称为激发态。常见的激发方式之一是原子吸收一个光子而得到能量 $h\nu$。一般来说,处于高能态(导带)的原子是不稳定的,它们会向低能态(价带)跃迁,而将能量以光子或其他形式释放出来。不论向上或向下跃迁,原子所吸收或放出的能量都必须等于相应的能级差,即

$$h\nu = E_2 - E_1 \tag{4-1}$$

这种发光过程可以通过自发辐射、受激吸收和受激辐射这三个基本过程进行。下面就以原子的两个能级 E_2 和 E_1 为例($E_2 > E_1$),介绍光与物质相互作用时的这三种过程。

4.1.2　自发辐射、受激吸收和受激辐射

1. 自发辐射

在没有外界激发的情况下,由于处于高能级 E_2 上的原子不稳定,将自发地向低能级 E_1 跃迁,并发射出一个频率为 $\nu = (E_2 - E_1)/h$ 的光子,这一过程称为自发辐射发光。式中,ν 为自发辐射发光的频率;h 为普朗克常数。

在自发辐射过程中,产生的光子具有随机的方向,相位和偏振态彼此无关。因此,自发辐射发出的光是非相干光。半导体发光二极管(Light Emitting Diode,LED)就是利用这种发光原理制作的。

2. 受激吸收

处于低能级 E_1 上的一个原子在频率为 $\nu = (E_2 - E_1)/h$ 的外来光子的作用下,吸收光子能量后向高能级 E_2 跃迁,这一过程称为受激吸收。

如果受激吸收发生在半导体的 PN 结上,那么受到光的照射跃迁到高能级上的电子在外加反向电压(N 接正极,P 接负极)的作用下,会形成电流,即产生光生电流。后面要介绍的半导体光电检测器件就是利用这种光生电流效应制作的。

3. 受激辐射

处在高能级 E_2 上的原子可能感受到外来光子的刺激(作用)而向下跃迁到低能级 E_1 上,同时发射出一个新光子,连同外来光子变成两个光子,这一过程称为受激辐射。

受激辐射不是自发的,是受到外来入射光子激发引起的,而且受激辐射所发出的光子与外来入射光子具有相同的能量、频率、偏振态和传播方向等,这种光子具有全同性。因此,受激辐射发出的光是相干光。半导体激光器(Laser Diode,LD)正是利用这个原理制成的。

光自发辐射、受激吸收和受激辐射这三个过程的示意图如图 4-3 所示。

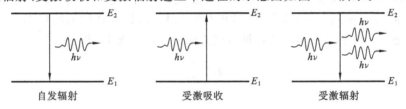

图 4-3　光与物质相互作用的三个过程示意图

4. 粒子数反转分布

通常情况(即热平衡状态)下,处于低能级 E_1 上的粒子(电子)数 N_1 比高能级 E_2 上的粒子(电子)数 N_2 要多,即 $N_1 > N_2$,称为粒子数正常分布。显然,在这种分布状态下,即便外部有光的入射,但由于 $N_1 > N_2$,必然是受激吸收的光大于受激辐射的光,就是说在热平衡状态下,不会产生发光现象。为了能使原子发光就必须从外部给原子以能量,使得低能级上的电子由于获得了能量而大量地激发到高能级上去,像一个泵不断地将低能级上的电子"抽运"到高能级上一样,从而达到高能级 E_2 上的粒子(电子)数 N_2 大于低能级 E_1 上的粒子(电子)数 N_1 的分布状态,这种分布状态称为粒子数反转分布状态。由于 $N_2 > N_1$,这时如果有外来光的激发,受激辐射大于受激吸收,产生发光现象,就有可能实现光的受激辐射放大,如激光的形成就是依据这一原理。所以粒子数反转分布是发光器件所能发光的必要条件。

为了能够把半导体光源应用到光纤传输系统中,还需要考虑以下两个问题:

(1) 高辐射率,指注入光纤的光功率的大小;

(2) 高量子效率,指外加能量有多少转换为高能级的电子数。

目前,光纤通信系统中的光源主要有半导体发光二极管 LED 和半导体激光器 LD 两种,下一节将要介绍这两种常用光源。

4.2 半导体光源

光纤通信传输的是光信号,因此,作为光纤通信系统中的发光器件——光源,便成为重要的器件之一。它的作用是把要传输的电信号转换为光信号发射出去。下面主要介绍光纤通信中采用的光源半导体发光二极管(LED)和半导体激光二极管(LD)。

4.2.1 LED 和 LD 的工作原理

1. LED 工作原理

发光二极管大多是由Ⅲ-Ⅳ族化合物,如 GaAs(砷化镓)、GaP(磷化镓)、GaAsP(磷砷化镓)等半导体制成的,其核心是 PN 结。因此,它具有一般 PN 结的特性,即正向导通、反向截止特性。此外,在一定条件下,它还具有发光特性。在正向电压下,电子由 N 区注入 P 区,空穴由 P 区注入 N 区。进入对方区域的少数载流子(少子)中的一部分与多数载流子(多子)复合而发光,如图 4-4 所示。由于复合是在少子扩散区内发光的,所以光仅在靠近 PN 结面几微米以内产生。

假设发光是在 P 区中发生的,那么注入的电子与价带空穴直接复合而发光,或者先被发光中心捕获后,再与空穴复合发光。除了这种发光复合外,还有些电子被非发光中心(这个中心介于导带、价带中间附近)捕获,而后再与空穴复合,每次释放的能量不大,不能形成可见光。我们把发光的复合量与总复合量的比值称为内量子效率,即

$$\eta_{qi} = \frac{N_r}{G} \tag{4-2}$$

式中:N_r——产生的光子数;

G——注入的电子-空穴对数。

但是,产生的光子又有一部分会被 LED 材料本身吸收,而不能全部射出器件之外。作为一种发光器件,我们更感兴趣的是它能发出多少光子,表征这一性能的参数就是外量子效率,即

$$\eta_{qe} = \frac{N_T}{G} \tag{4-3}$$

式中:N_T——器件射出的光子数。

发光二极管所发的光并非单一波长,如图 4-5 所示。由图可见,该发光二极管所发的光中在某一波长 λ_0 的光强最大,该波长为峰值波长。理论和实践证明,光的峰值波长 λ_0 与发光区域的半导体材料禁带宽度 E_g 有关,即

$$\lambda_0 \approx 1240/E_g$$

式中:E_g——单位为电子伏特(eV)。

若能产生可见光(波长在 380~780 nm),半导体材料的 E_g 应在 1.63~3.26 eV 之间。

2. LD 工作原理

前面我们已经知道,半导体激光器是利用受激辐射而发光的器件,只有在工作电流超过阈值电流的情况下,才会输出激光(相干光),因而是有阈值的器件。与 LED 所不同的是,LD 需要有谐振腔。

半导体激光器发光利用的是受激辐射原理。受激辐射发光现象是处于粒子数反转分布状态的大多数电子,在受到外来入射光子的激励时同步发射光子的现象,也就是说受激辐射的光子和入射光子,不仅波长相同而且相位、方向也相同。这样,由弱的入射光激励而得到强的出射光,起到了光放大作用。

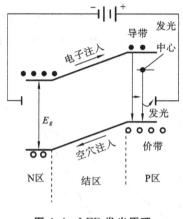

图 4-4 LED 发光原理

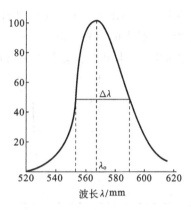

图 4-5 LED 光谱图

但是,仅仅有放大功能还不能形成振荡,必须要有正反馈才行。为了实现光的放大反馈,需要采用使光来回反射的光学谐振腔。最基本的光学谐振腔是由两块互相平行的反射镜构成。光在谐振腔中的两个反射镜面之间来回往复反射,其中一个是全反射镜面,另一个是部分反射镜面,这样谐振腔内的光能由部分反射镜输出来,形成激光输出。激光器模型如图 4-6 所示。

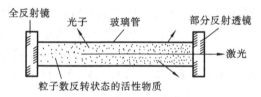

图 4-6 激光器模型示意图

综上所述,激光的形成必须具备以下几个条件。

(1) LD 发射激光的首要条件——粒子数反转。

(2) LD 发射激光的第二个条件——光学谐振腔。

(3) LD 发射激光的第三个条件——光在谐振腔里建立稳定振荡的条件。

与电有谐振一样,光也有谐振。要使光在谐振腔里建立稳定的振荡,必须满足一定的相位条件和阈值条件。

(1) 相位条件:使谐振腔内的前向和后向光波发生相干。

(2) 阈值条件:使谐振腔内获得的光功率正好与腔内损耗相抵消。

4.2.2 LED 和 LD 的输出特性比较

1. LED/LD 的 *V-I* 特性

LED 和 LD 都是半导体光电子器件,其核心部分都是 PN 结,因此其具有与普通二极管

相类似的 *V-I* 特性曲线,如图 4-7 所示。在正向电压小于某一值时,电流极小,不发光;当电压超过某一值后,正向电流随电压迅速增加,发光。我们将这一电压称为阈值电压或开门电压。

2. LED/LD 的 *P-I* 特性

在结构上,由于 LED 与 LD 相比没有光学谐振腔,因此 LD 和 LED 的功率与电流的 *P-I* 关系特性曲线有很大的差别,如图 4-8 所示。LED 的 *P-I* 曲线基本上是一条近似的直线,只有当电流过大时,由于 PN 结发热产生饱和现象,使 *P-I* 曲线的斜率减小。

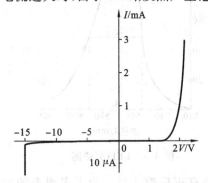

图 4-7 LED/LD 的 *V-I* 特性曲线

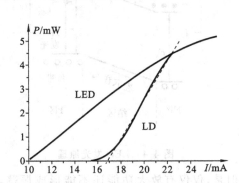

图 4-8 LED/LD 的 *P-I* 特性曲线

对于半导体激光器来说,当正向注入电流较低时,增益小于 0,此时半导体激光器只能发射荧光;随着电流的增大,注入的非平衡载流子增多,使增益大于 0,但尚未克服损耗,在谐振腔内无法建立起一定模式的振荡,这种情况称为超辐射;当注入电流增大到某一数值时,增益克服损耗,半导体激光器输出激光,此时的注入电流值定义为阈值电流 I_{th}。

由图 4-8 可以看出,注入电流较低时,输出功率随注入电流缓慢上升。当注入电流达到并超出阈值电流后,输出功率陡峭上升。我们把陡峭部分外延,将延长线和电流轴的交点定义为阈值电流 I_{th}。可以根据其 *P-I* 曲线求出 LD 的外微分量子效率 η_D。其具有如下关系:

$$P = (I_f - I_{th}) \cdot V \cdot \eta_D \tag{4-4}$$

因此在曲线中,曲线斜率表征的就是外微分量子效率。

4.2.3 LED 和 LD 的一般性能和应用

表 4-1 和表 4-2 列出了常用半导体激光器(LD)和发光二极管(LED)的一般性能指标及其性能比较。

表 4-1 半导体激光器(LD)和发光二极管(LED)的一般性能指标

指　　标	LD		LED	
工作波长 $\lambda/\mu m$	1.3	1.55	1.3	1.55
谱线宽度 $\Delta\lambda/nm$	1~2	1~3	50~100	60~120
阈值电流 I_{th}/mA	20~30	30~60	—	—
工作电流 I/mA	—	—	100~150	100~150
输出功率 P/mW	5~10	5~10	1~5	1~3

指　标	LD		LED	
入纤功率 P/mW	1～3	1～3	0.1～0.3	0.1～0.2
调制带宽 B/MHz	500～2000	500～1000	50～150	30～100
辐射角 θ/°	20×50	20×50	30×120	30×120
寿命 t/h	10^6～10^7	10^5～10^6	10^8	10^7
工作温度/℃	−20～50	−20～50	−20～50	−20～50

表 4-2　半导体激光器(LD)和发光二极管(LED)的性能比较

LD	LED
输出光功率较大,几毫瓦至几十毫瓦	输出光功率较小,一般仅 1～2 mW
带宽大,调制速率高,几百兆赫兹至几十吉赫兹	带宽小,调制速率低,几十兆赫至 200 MHz
光束方向性强,发散度小	方向性差,发散度大
与光纤的耦合效率高,可达 80％以上	与光纤的耦合效率低,仅百分之几
光谱较窄	光谱较宽
制造工艺难度大,成本高	制造工艺难度小,成本低
在要求光功率较稳定时,需要 APC 和 ATC	可在较宽的温度范围内正常工作
输出特性曲线的线性度较好	在大电流下易饱和
有模式噪声	无模式噪声
可靠性一般	可靠性较好
工作寿命短	工作寿命长

4.2.4　光源的调制

在光纤通信系统中,把随信息变化的电信号加到光载波上,使光载波按信息的变化而变化,这就是光波的调制。从本质上讲,光载波调制与无线电载波调制一样,可以携带信号的振幅、强度、频率、相位和偏振等参数,使光波携带信息,即对应有调幅、调频、调相、调偏等多种调制方式。为了便于解调,在光频段多采用光的强度调制方式。

1. 光源的调制方式

根据调制器与光源的关系,光强度调制可分为直接调制和间接调制两大类。

(1) 直接调制:指用电信号对光源的注入电流进行调制,然后使输出光波的强度随调制信号的变化而变化。

(2) 间接调制:利用晶体的电光、磁光和声光等效应对光辐射进行调制,即在光源光辐射产生后再加载波调制信号。间接调制最常用的是外调制器。

2. 光源的直接调制

直接调制技术具有简单、经济、容易实现等优点,是光纤通信系统中最常用的调制方式,但直接调制仅适用于半导体光源（LD 和 LED）。

按调制信号的形式，光调制可分为模拟信号调制和数字信号调制。

（1）模拟信号调制：模拟信号调制是直接用连续的模拟信号（如语音和图像信号）对光源进行调制，图 4-9 所示的为 LED 模拟调制原理图。

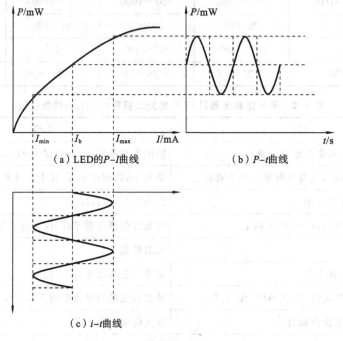

（a）LED的P–I曲线　　（b）P–t曲线

（c）i–t曲线

图 4-9　LED 模拟调制原理图

（2）数字信号调制：数字信号调制主要是指 PCM 编码调制。图 4-10 所示的为 LED 和 LD 的数字调制原理图。

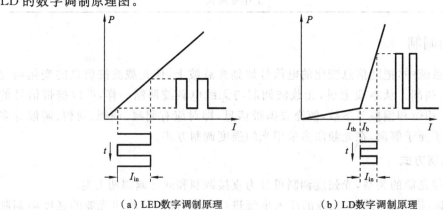

（a）LED数字调制原理　　　　　（b）LD数字调制原理

图 4-10　LED 和 LD 的数字调制原理图

4.3　光电检测器件

与光源器件一样，光电检测器件在光纤通信中起着十分重要的作用，是光接收机的核心器件。目前的光接收机绝大多数都是用光电二极管进行光电转换的,其性能好坏直接影响着接收机的性能指标。光纤通信系统主要采用半导体 PIN 型光电二极管和 APD 雪崩光电二极管,它们都是基于半导体材料的光电效应实现光电转换的。

4.3.1 PIN 型光电二极管

1. PIN 型光电二极管结构

PIN 型光电二极管又称为快速光电二极管。它的结构分为三层,即 P 型半导体、N 型半导体,以及在 P 型半导体和 N 型半导体之间设置了一层本征半导体 I 层的器件,如图 4-11 所示。它是用高阻 N 型硅片做 I 层,再把它的二面抛光,然后在两面分别作 N^+ 和 P^+ 杂质扩散,得到 PIN 型光电二极管。

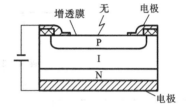

图 4-11 PIN 型光电二极管结构示意图

PIN 型光电二极管因有较厚的 I 层,因此具有以下四个方面的优点。

(1) 使 PN 结的结间距拉大,结电容变小,从而提高了频率响应。目前 PIN 型光电二极管的响应时间 $t_r = 1 \sim 3$ ns,最快达 0.1 ns。

(2) 由于内建电场基本上全集中于 I 层中,使耗尽层厚度增加,增大了对光的吸收和光电变换区域,提高了量子效率。

(3) 增加了对长波光波的吸收,提高了长波灵敏度,其响应波长范围为 $0.4 \sim 1.1 \ \mu m$。

(4) 可承受较高的反向偏压,使线性输出范围变宽。

PIN 型光电二极管的上述优点使它在光通信、光雷达及其他快速光电自动控制领域得到了非常广泛的应用。

2. PIN 型光电二极管的光电转换原理

当光从 P 区一侧入射,则光能量在被吸收的同时仍继续向 N 区一侧延伸吸收,在经过耗尽层时,由于吸收光子能量,电子从价带被激励到导带而产生电子-空穴对(即光生载流子),并且在耗尽层空间电场作用下,分别向 N 区和 P 区相互逆向作漂移运动,并形成电流。然而,由于在耗尽层以外的区域没有电场作用,所以由光电效应产生的电子-空穴对,在扩散运动中相遇发生复合,从而消失。不过在扩散运动过程中,也有些扩散距离长的电子-空穴将进入耗尽层,在耗尽层和空间电场的作用下进入对方区域,于是在 P 区和 N 区两端之间产生与被分隔开的电子和空穴数量成正比的电压。若与外电路连通,这些电子就可经外部电路与空穴复合形成电流,如图 4-12 所示。这里在耗尽层之外形成的电流称为扩散电流,扩散电流的运动速度比漂移电流的运动速度慢得多,使频率特征变坏。由于 PN 结处存在着空间电场,使进入空间电场区的电子和空穴两者逆方向移动。例如,从外部对 PN 结施加反向偏压,使空间电场被加强,从而加快了载流子的漂移运动。

4.3.2 雪崩光电二极管(APD)

PIN 型光电二极管提高了 PN 结光电二极管的响应时间,但未能提高器件的光电灵敏度。为了提高光电二极管的灵敏度,人们设计了雪崩光电二极管。它是借助强电场产生载

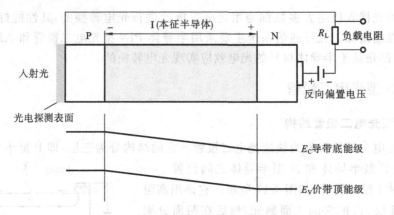

图 4-12 PIN 型光电二极管光电转换原理

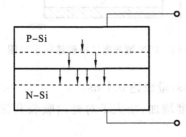

图 4-13 APD 的工作原理示意图

流子倍增效应(即雪崩倍增效应)的一种高速光电二极管,其工作原理如图 4-13 所示。

当在光电二极管上加一相当高的反向偏压作用(100~200 V)时,在结区产生一个很强的电场。结区产生的光生载流子受强电场的加速将获得很大的能量,在与原子碰撞时可使原子电离,新产生的电子-空穴对在向电极运动的过程中又获得足够大的能量而再次与原子碰撞,又产生新的电子-空穴对。这一过程不断重复,使 PN 结内电流急剧增加,这种现象称为雪崩倍增效应。雪崩光电二极管就是利用这种效应而具有光电流的放大作用的。

雪崩光电二极管具有以下特征。

(1) 灵敏度很高,电流增益可达 $10^2 \sim 10^3$。

雪崩光电二极管的电流增益 M 定义为有光照射时的光电流 I_p 与无光照时的暗电流 I_d 之比,即

$$M = \frac{I_p}{I_d} \tag{4-5}$$

(2) 响应速度快,响应时间只有 0.5 ns,响应频率可达 100 GHz。

(3) 噪声等效功率很小,约为 10^{-15} W。

(4) 反偏电压高,可达 200 V,接近于反向击穿电压。

雪崩光电二极管广泛应用于光纤通信、弱信号检测、激光测距、星球定向等领域。

4.4 光纤激光器

近几年来,光纤激光器发展迅速,越来越成为工业激光加工中的重要激光器之一,同时它在医疗、通信、传感器和光谱学等领域也有广阔的应用前景。本节主要讲述光纤激光器的基本结构、特点和种类。

一般激光器由三部分组成:激光工作物质、泵浦源和光学谐振腔。光纤激光器也不例

外,只不过光纤激光器的工作物质是同时起着导光作用的掺杂光纤,泵浦方式一般采用光泵浦,泵浦光被耦合进入光纤,泵浦波长上的光子被介质吸收,形成粒子数反转,最后在掺杂光纤介质中产生受激辐射而输出激光。

光纤激光器提供的某些波长对于通信非常重要,如 $1.31\ \mu m$ 和 $1.55\ \mu m$ 波长,它们处于光通信的两个低损耗窗口上,从而实现有价值的激光输出。因此,近年来人们对光纤激光器产生了浓厚的兴趣。

4.4.1　光纤激光器的基本结构及特点

从运转工作方式来分,光纤激光器可分为连续光纤激光器和脉冲光纤激光器;从基质材料来分,可分为玻璃光纤激光器、塑料光纤激光器、基于掺杂离子的连续光纤激光器,如 Yb^{3+} 离子的光纤激光器。光纤激光器输出波长为 $1.0\sim1.2\ \mu m$,激光器的吸收带宽和发射带宽转换效率高。

为了满足实际应用要求,光纤激光器也可实现脉冲运转。例如,调 Q 脉冲光纤激光器和锁模脉冲光纤激光器的峰值功率密度超过 MW/cm^2 数量级,光速重复频率大于 10 GHz,并可实现皮秒脉冲输出。

玻璃光纤激光器的激光基质材料主要是石英玻璃和其他类型玻璃。例如,掺铒离子的光纤激光器的输出波长为 $1.55\ \mu m$。塑料光纤激光器的基质材料是塑料,它具有密度小、柔性好、成本低、工艺简单等特点。例如,氮分子激光器泵浦的塑料光纤激光器,它是采用聚苯乙烯做纤芯,聚异丁烯酸甲酯做包层的光纤激光器,其输出波长为 $410\sim420$ nm。

图 4-14 所示的为光纤激光器的基本结构示意图。

图 4-14　光纤激光器的基本结构

光纤激光器的激光工作物质是掺有稀土离子(如 Yb^{3+}、Er^{3+} 等)的光纤芯。玻璃是形成掺杂稀土离子光纤的基质材料。

在光纤激光器中,为降低损耗,光学谐振腔常由光纤两端面构成,然后将光纤两端面抛光并镀上介质膜构成 F-P 谐振腔。间隔一定距离,相对放置两个平面镜,光纤的光轴与平面镜严格垂直,这两个介质膜镜中的一个腔镜镀成对泵浦光波长高透、对激光波长高反,而另一个腔镜则镀成对激光波长部分透射、部分反射,反射率的大小取决于激光工作物质。在低增益系统中反射率大约为95%或更高。在可以获得高增益的情况下,反射率为75%或更低。一般情况下,这个介质膜对泵浦光波长为高透,但对于某些应用,对泵浦光波长也具有较高的反射率,使介质膜对泵浦光充分吸收。激光和剩余泵浦光都通过这个介质膜输出,因此需要用适当的滤波器将泵浦光和激光分离。

光纤激光器常采用半导体二极管作为泵浦源,由于激光二极管输出功率有限,常采用多组多模的泵浦半导体二极管。光纤激光器具有如下特点。

（1）光纤激光器连续、脉冲输出功率高，现在单纤光纤激光器的功率已超过 1 kW，不久将出现 10 kW 的单纤光纤激光器。而光纤集成的光纤激光器已达到 50 kW。

（2）光纤激光器的转换效率非常高，可以达到 20%～80%，泵浦阈值低（如 Yb^{3+} 离子光纤激光器泵浦阈值功率可小于 10^{-4} W）。

（3）光纤激光器光束质量好。由于光纤激光器的光束限制在细小的光纤纤芯内，衍射损耗大，这使光束质量较好，容易接近衍射极限。一台 2 kW 光纤激光器的光束质量（M^2）可达到 1.4。

（4）光纤激光器稳定性和可靠性高。

（5）光纤激光器的光束传输性能好。由于本身是光纤，可实现远距离的柔性传输。

4.4.2 掺铒光纤激光器(EDFA)

随着光通信技术的飞速发展，以及光纤光栅技术和掺铒光纤技术的发展，掺铒光纤激光器的研究取得了突破性的进展，输出功率从原来的毫瓦数量级发展到最大可输出 80 W。铒元素是掺铒光纤激光器的核心，因为它决定着对光泵浦的吸收和激射光谱。

1. 掺铒光纤中 Er^{3+} 的激发模型

掺铒光纤激光器的工作物质是一根合适长度的掺铒光纤。光纤基质材料一般为玻璃，激光激活介质为 Er^{3+}。玻璃成分不同，铒离子的吸收谱和荧光谱也会有所不同，但其吸收峰与荧光峰所对应的中心波长变化不大，如图 4-15、图 4-16 所示。例如，在成分为 $94.5SiO_2$、$5.0GeO_2$ 和 $0.5P_2O_5$ 的玻璃基质单模光纤中，铒离子在 800 nm、980 nm 和 1536 nm 处有吸收峰存在。如果把吸收谱拓展到更短的波长，则可发现在 650 nm 和 530 nm 还有吸收峰存在。铒离子的荧光峰处于 1536 nm 处，所以可在该波长处实现激光振荡。图 4-15、图 4-16、图4-17所示的分别为掺铒光纤中 Er^{3+} 的能级图、吸收谱和激发模型图。

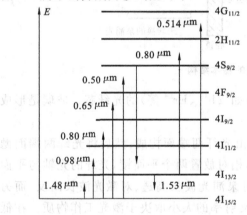

图 4-15 Er^{3+} 能级图

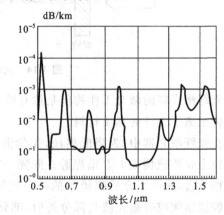

图 4-16 Er^{3+} 吸收谱

由实验可知，辐射跃迁发生在激光上能级（亚稳态）和激光下能级（基态）之间，实现激光振荡。激光器输出激光波长为 1536 nm，这个波长正好位于光纤通信低损耗的第三个通信窗口上，这是很有意义的。

2. 泵浦光源的选择

光纤激光器一般采用光泵浦，这样必须有一个光源来驱动，即通过某一吸收带激发掺

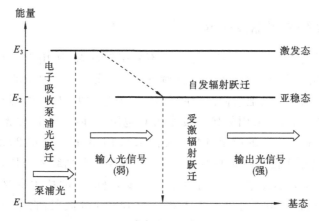

图 4-17　掺铒光纤中 Er^{3+} 的激发模型

杂离子来实现粒子数反转分布。从理论上讲,吸收带宽内的波长都可以作为泵浦波长,但不同的泵浦波长其效率也会不同。欲选择泵浦效率高的泵浦波长,则一方面要求该泵浦波长工作离子要有较大的吸收截面和较宽的吸收带宽,最好没有激发吸收带(ESA)。虽然由于激光器工作在饱和状态下,如果粒子反转数通过调整将损耗保持在较低的水平,则 ESA 的影响不大,尤其是低阈值光纤激光器更是如此,但毕竟还是有影响。另外一方面要求有合适的光源存在。当然光源的横向光场分布与纤芯中的工作离子的截面分布是否一致对泵浦效应也有较大的影响。下面将讨论玻璃基质中 Er^{3+} 的三个重要的泵浦带对光纤激光器的影响。

800 nm 泵浦带:Er^{3+} 在该波长附近有吸收峰,这意味着可以用功率较高而价格又便宜的 AlGaAs 激光二极管进行泵浦。由于这个波长处 Er^{3+} 的吸收截面较小、吸收带较窄,因此,基态吸收较弱,其最大小信号增益只有 0.43 dB/mW,故用这种波长进行泵浦的光纤器件性能往往较差。

980 nm 泵浦带:比较其他泵浦波长,该波长处 Er^{3+} 具有最大的吸收截面和较宽的吸收带宽。它的最大小信号增益为 10.2 dB/mW,有输出波长为 980 nm 的功率激光二极管作为光源,而且在该波长处不存在 ESA。

1480 nm 泵浦带:对应于该波长处 Er^{3+} 具有最大的吸收截面和相当宽的吸收带宽。它的最大小信号增益为 5.9 dB/mW,也有相应波长输出的大功率激光二极管作为光源,该波长处不存在 ESA。

650 nm 处虽然也存在吸收峰,但对于该泵浦波长没有合适的激励源存在,而且效率也较低,它的最大小信号增益为 0.6 dB/mW,所以没有什么实际价值。另外,530 nm 处也存在吸收峰,对于该泵浦带可用输出波长为 530 nm 的倍频 YAG 激光器作为泵浦光源。该波长处 Er^{3+} 的吸收截面较大,但吸收带宽较窄,它的小信号增益是较大的,但有较强的 ESA 存在。因为 YAG 激光器体积庞大,而相应的小型激光二极管又不存在,所以该泵浦带也无多大的实用价值。

由上述可知,最佳的泵浦带为 980 nm 和 1480 nm 的泵浦带,最佳的泵浦光源为输出 980 nm 和 1480 nm 的大功率激光二极管。

4.4.3 高功率光纤激光器及研究进展

时至今日,光纤激光器种类繁多。掺杂已不限于铒和钕,所用光纤有普通光纤,也有双包层光纤。激光器结构多样,运转方式有连续的,也有脉冲的。但总的来说,根据不同光纤激光器针对的应用领域,可以把它们归为两大类:一类是主要追求功率指标的高功率光纤激光器,功率在千瓦级以上,它采用的典型技术为双包层泵浦技术,这种光纤激光器在激光加工、激光医疗等方面有着广泛的应用,例如,美国 IPG Photonics 公司 2002 年 12 月已经发布了 6 kW 光纤激光器用于德国汽车制造业的消息;还有一类光纤激光器,不以追求高的输出功率为目标,而是以激光的光谱、模式等性能为主要目标,它的技术主要是建立在掺铒光纤激光器(EDFA)的基础上,其工作波长大多数位于 1550 nm 波段,它主要应用在通信、测量、传感等信息产业方面。这里只介绍光纤激光器的研究进展。

光纤激光器与固体、气体、半导体激光器等相比,不仅有非常明显的优越性,而且与二极管泵浦固体激光器相比,也有更好的光束质量,可得到更小的聚焦光斑。随着光纤激光器的广泛应用,对高功率光纤激光器的需求也会越来越大。为了获得高功率输出,关键技术之一是包层泵浦技术。

1. 双包层光纤激光器

为了提高功率,目前广泛使用的是双包层泵浦的光纤激光器,目前采用单根光纤,已实现 1 kW 以上的激光输出。

图 4-18 所示的为双包层光纤的结构示意图。双包层掺杂光纤由光纤芯、内包层、外包层和保护层四个层次组成。折射率从光纤芯到外包层依次递减。光纤芯直径一般只有几个微米,是单模信号光的传输波导,它作为激光振荡的通道,一般情况下相对应的波长为单模。内包层直径和孔径都较大,大大减少了对泵浦模式的质量要求,提高了泵浦光的入纤功率和效率。泵浦光通过一定的泵浦方式耦合到内包层内,受到外包层的限制,在内包层之间来回反射而不被吸收。在不断穿过纤芯的过程中,光被其中的增益介质吸收。由于在光纤的整个长度上都发生激光泵浦过程,所以几乎所有的泵浦光都能被增益介质吸收,大大提高了泵浦功率和效率。双包层掺杂光纤作为高功率光纤激光器的关键组成部分,其内层的横截面积、形状和光纤芯的尺寸、掺杂浓度等都是影响激光输出功率和光束质量的重要因素。

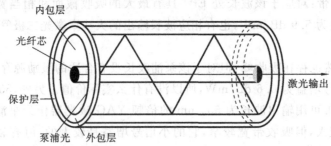

图 4-18 双包层光纤的结构示意图

美国 IPG 公司相继推出输出功率为 700 W、2 kW 和 10 kW 的掺 Yb 双包层高功率光纤激光器产品。为了提高光纤激光器的输出功率,可采用多组宽带区多模半导体二极管作为泵浦源,其基本结构如图 4-19 所示。

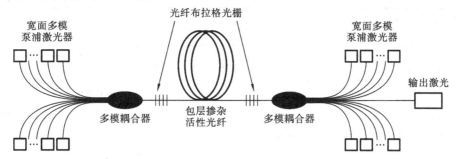

图 4-19 多模半导体二极管泵浦光纤激光器结构示意图

2. 高功率光纤激光器的关键技术

高功率光纤激光器的关键技术主要包括以下几项。

(1) 产生激光的特种光纤(Yb-doped double cladding fiber)。

(2) 光纤光栅(激光腔)。

(3) 大功率激光二极管——泵浦光/光纤输出。

(4) 多路泵浦光注入耦合系统。

(5) 多路光纤激光合波器。

IPG 公司已经推出的部分产品如图 4-20 所示。

图 4-20 IPG 公司部分产品图

IPG 公司生产的万瓦级光纤激光器如图 4-21 所示。

应用于10 kW高功率
激光器的标准连接器

应用于10 kW高功率的供水系统

图 4-21 IPG 万瓦级光纤激光器

IPG 公司生产的高功率光纤激光器主要指标如表 4-3 所示。

表 4-3 IPG 公司高功率光纤激光器主要指标

Typical Specification					
Optical Parameters	Unit	YLR-1000	YLR-2000	YLR-5000	YLR-10000
Mode of operation		CW. QCW	CW. QCW	CW. QCW	CW. QCW
Central emission wavelength	nm		1070—1080		
Nominal output power[2]	W	1000	2000	5000	10000
Beam quality (BPP)	mm mrad				
Basic[3]		5	9	17	23
Premium[3]		3.5	5	12	17
Spacial[4]		0.34	2.5	4.5	6
Output power stability (long term)	%	1/2	1/2	1/2	1/2
Output tiber delivery diameter[5]	μm	50~100	50~200	100~300	200~400
Electrical Parameters					
Typical electrical requirements	VAC	208~480	380~480	3P. PE	50~60Hz
Maximum power consumption	kW	5	10	22	50
Max cooling water consumption	m^3/h	0.6	1.2	3	5
Cooling water temperature	℃	5~30	5~30	5~30	5~30
General Parameters					
Dimensions (W×D×H)	cm	80×80×80	80×80×80	86×81×150	146×81×150
Weight	kg	150	250	500	1000
Ambient Temperature	℃	0~45	0~45	0~45	0~45

3. 国内研究概况

目前,国内有众多高校和研究所在进行掺镱双包层光纤激光器的研究工作,并已取得了一些可喜的成绩。

(1) 2011 年 7 月份,上海光机所在继 2010 年 11 月份实现百瓦的激光功率之后,又获得了 200 W 的激光功率输出,光-光转换效率接近 70%,在该项目的研究中,已经申请了十几项专利技术。

(2) 南开大学在研制出短脉冲光纤激光器的同时,大胆创新研制出了双包层光纤光栅,为双包层光纤激光器的全光纤化研究,迈出了重要的一步。

(3) 武汉烽火通信成功推出了完全达到商用水平的双包层掺镱光纤产品。据悉,通过上海光机所试用,在选用合适的光纤长度和泵浦功率条件下,可实现 100 W 以上的激光功率输出,达到国际先进水平。

(4) 晶体光纤应用于光纤激光器中。

值得一提的是,近两年国内外掀起了光子晶体特别是光子晶体光纤的研究热潮。其独特的结构和导模机制使光子晶体光纤具有许多普通光纤所不具备的优越特性。根据光子晶体光纤的不同特性,有望研制出各种光子晶体功能器件,如光子晶体光纤光栅、光子晶体衰减器、激光器和放大器等。

目前,国外有多家公司有晶体光纤产品,比如丹麦晶体光纤公司推出了"双包层高数值孔径掺镱晶体光纤",这种光纤可以用在光纤激光器或光纤放大器中。另外,由于该光纤具有光敏性,还可以在其上刻写光纤光栅。

燕山大学、中国电子科技集团公司第四十六研究所和上海光机所等单位也在开展光子晶体光纤方面的研制工作,其中燕山大学已研发出了一些初期产品。2011 年 6 月,中国科学院上海光学精密机械研究所在大芯径单模光子晶体光纤研制中获得进展,成功地研制出芯径达 40 μm 的单模光子晶体光纤。

北京邮电大学、南开大学、深圳大学及北方交通大学等展开了晶体光纤功能器件等的研究工作,取得了一些初步进展。2011 年 4 月,深圳大学成功研制出了 15 W 光子晶体光纤激光器。

4.4.4　光纤激光器的应用

高功率掺镱光纤激光器(HPFL)与目前激光加工中常用的二氧化碳激光器、光泵 YAG (LP-YAG)、半导体泵浦 YAG 激光器相比,表现出突出的优点,特别是具有电光转换效率高、光束质量好、泵浦源寿命长、使用方便、环境适应能力强、空气冷却等优点,使它在激光应用技术领域中呈现出美好的应用前景。几类激光器性能的比较见表 4-4。

表 4-4　几类激光器性能比较

有 关 参 数	CO_2	LP-Nd-YAG	DP-YAG	HPFL
波长/μm	10.6	1.06	1.06	1.00~1.10
电-光效率/(%)	5~10	1~3	5~10	12~20
功率/kW	1~2	0.5~5	0.5~10	0.01~10
光束参数/(mm · mrad)	>100	50~80	25~50	1~20
石英光纤传输	否	能	能	能
体积	最大	大	较大	非常小
维修周期/h	1000~2000	<1000	3000~5000	40000~50000
运行年费(1kW,8 小时/天)/万元	21.3	65	30	2.9

光纤激光器可用于材料加工和制造,不同材料加工所需光纤激光器功率如下。

金属切割:500 W~2 kW。

金属焊接和硬焊:500 W~20 kW。

金属淬火和涂敷:2~20 kW。

玻璃和硅切割:500 W~2 kW。

聚合物和复合材料切割:200 W~1 kW。

快速印刷和打印:20 W~1 kW。

软焊和烧结:50~500 W。

消除放射性污染:300 W~1 kW。

图 4-22 所示的为高功率光纤激光器对材料加工。

目前,高功率光纤激光器在激光加工行业中应用较广,主要应用范围如下。

1. 激光打标

激光打标广泛应用于半导体芯片/晶元/集成电路/电子器件、医疗器件、手机/计算机键盘、仪器面板/按键、服装纽扣、香烟/食品包装等行业。图 4-23 所示的为华工激光光纤激光打标机。

生产过程:
·激光焊接
·激光切割
·激光表面处理

客户:
·航空业
·汽车工业
·造船业
·铁路工业

图 4-22 高功率光纤激光器对材料加工

图 4-23 光纤激光打标机

图 4-24 所示的为深圳大族激光 YLP-10 型光纤激光打标机。

图 4-25 所示的为激光打标机在线打标。

图 4-24 深圳大族激光 YLP-10 型光纤激光打标机

图 4-25 激光打标机在线打标

2. 激光雕刻

激光雕刻广泛应用于电子元器件、汽车配件、医疗器械、通信器材等行业。其应用如图 4-26 和图 4-27 所示。

精密电子元器件

图 4-26 激光雕刻用在精密电子元器件

图 4-27　激光雕刻用在精密金属标记

3. 激光切割

随着光纤激光器的功率不断提高,光纤激光器在工业切割方面得以被规模化应用。例如,用快速斩波的连续光纤激光器微切割不锈钢动脉管。由于光纤激光器具有高光束质量,可以获得非常小的聚焦直径和由此带来的小切缝宽度。图 4-28 所示的为心脏支架的切割及其应用。

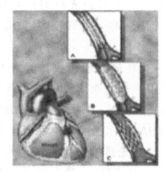

图 4-28　心脏支架的切割及其应用

激光加工的应用范围广泛,这里就不一一介绍了。

4.4.5　展望

光纤激光器的优良性能,决定了它比半导体激光器和大型激光器拥有更多的优势,其应用范围越来越广阔。为满足快速增长的、巨大的市场需求,美国、西欧各国、日本和中国都已纷纷加大了光纤激光器的研发力度。

在目前,国外已有较成熟的产品,如 IPG 公司的系列产品,并已开始进入我国市场,而国内至今尚无正式产品面市。当务之急,一方面着力开展光纤激光器的应用,寻找最适用的领域和市场;另一方面着手加快国内光纤激光器的研发,已有研发基础的单位应加快与企业合作,根据市场需要推出国内首批产品。

关于光纤激光器的研发,应从应用过程中加深对器件的了解和认识,根据使用反馈,不断改进和完善器件的结构和性能。为进一步推广光纤激光器的应用,关键在于不断降低产品成本。开始时可将应用的着眼点放在高档次产品上,在发展光纤激光器产品的过程中可能会推动高功率半导体二极管产业的发展。

为促进光纤激光器的进一步发展,有必要深入研究新型光纤材料和新型器件的结构,以满足不断提出的应用要求。

总之,光纤激光器不仅在光纤通信领域占有越来越重要的地位,还在激光技术领域成为目前研究最为活跃的激光光源之一。它已经引起激光科技人员和企业工程技术人员的极大关注,展现出了一个美好的应用前景。它有非常广阔的潜在市场,正在形成一个新型高新技术产业。

4.5 光纤放大器

由于光纤损耗的存在,导致光信号能量的降低,任何光纤通信系统的传输距离都会受到限制。在长距离光纤传输系统中,当光信号沿光纤传输一定的距离后,必须利用中继器对已衰减的光纤信号进行放大,以保证信号的质量。这种中继器的基本功能是进行光—电—光转换,并在光信号转变为电信号时进行再生、整形和定时处理,恢复信号形状和幅度,再转换回光信号,沿光纤线路继续传输。这种方式有许多缺点:首先,通信设备复杂,系统的稳定性和可靠性不高,特别是在多信道光纤通信系统中更为突出,因为每条信道均需要进行波分解/复用,然后再进行光—电—光转换,经波分复用后,再送回光纤信道传输;其次,传输容量受到一定的限制。

多年来,人们一直在探索能否去掉光—电—光转换过程,直接在光路上对信号进行放大,然后再传输,即用一个全光传输中继器代替这种光—电—光再生中继器。经过努力,科学家们发明了几种光放大器,其中掺铒光纤放大器(EDFA)、分布光纤喇曼放大器(DRA)和半导体光放大器(SOA)技术已经成熟并商用化。

光放大器和光纤激光器的差别:光纤放大器除泵浦光外,还有信号光输入。从本质上看,光放大器就是一种激光器,它是采用光的各种受激放大机理制作的直接对光信号进行放大的设备。因此,在半导体激光器研究的基础上,首先研究的是半导体光放大器;之后,随着光纤技术的发展及对光纤中非线性现象认识的深入,人们又开展了光纤非线性光放大器的研究。

光放大器按材料结构主要分为半导体光放大器和光纤放大器两种类型。半导体光放大器的特点是小型化,容易与其他半导体器件集成;其缺点是性能与光偏振方向有关,器件与光纤的耦合损耗大。光纤放大器实质上是把工作物质制作成光纤形状的固体激光器。光纤放大器的性能与光偏振方向无关,器件与光纤的耦合损耗很小,因而得到广泛的应用。20世纪80年代末期,工作波长为1550 nm的掺铒(Er^{3+})光纤放大器(Erbium Doped Fiber Amplifier,EDFA)研制成功并投入使用,把光纤通信技术水平推向一个新的高度。本节将介绍掺铒光纤放大器。

4.5.1 掺铒光纤放大器的结构

EDFA的结构简单,它主要由三部分组成:一段长度合适的掺铒光纤、泵浦源和一个把信号光和泵浦光耦合到一起的耦合器。在有些应用中需要把剩余的泵浦光滤出去,所以在掺铒光纤放大器的输出端放置一个光学滤波器,掺铒光纤中铒的浓度一般是百万分之几十到几百,长度在几米到几十米。为了使光纤横截面上的铒离子的分布与光场分布一致,一般纤芯部位铒离子掺得多。泵浦源采用大功率激光二极管。泵浦光和信号光的耦合器可采用波分复用耦合器(WDM)或者光纤定向耦合器。EDFA 的内部按泵浦方式分为三种最基本的结构,即同向泵浦、反向泵浦和双向泵浦。

(1) 同向泵浦。即信号光与泵浦光以相同的方向进入掺铒光纤,这种结构噪声特性最好。图 4-29 所示的为同向泵浦式的 EDFA 示意图。

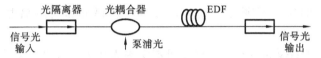

图 4-29　同向泵浦式的 EDFA

(2) 反向泵浦。信号光与泵浦光从两个不同的方向进入掺铒光纤,这种结构具有较高的输出信号功率。图 4-30 所示的为反向泵浦式的 EDFA 示意图。

图 4-30　反向泵浦式的 EDFA

(3) 双向泵浦。它是同向泵浦和反向泵浦同时泵浦的一种结构,这种结构输出信号功率最高,比反向泵浦高出 3 dB。图 4-31 所示的为双向泵浦式的 EDFA 示意图。

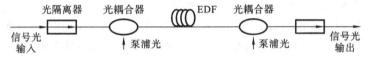

图 4-31　双向泵浦式的 EDFA

掺铒光纤放大器的工作原理与掺铒光纤激光器的一样,都是基于受激辐射光放大,只是它们的初始信号不同,掺铒光纤激光器来源于工作介质的自发辐射,掺铒光纤放大器来源于外来入射光信号,也即掺铒光纤放大器在泵浦能量的作用下实现粒子数反转分布,然后通过受激辐射实现对入射光信号的放大作用。

4.5.2　掺铒光纤放大器

自 1987 年提出 EDFA 后的 10 年间,已由实验室研究迅速转入工业应用,并通过 WDM 技术使光纤通信得到了飞速发展。

(1) 有效地克服了电子电路的速度瓶颈,使系统容量呈指数增长,总数据率为 $10^2 \sim 10^3$ Gb/s 的系统已商品化。

(2) 减少甚至取消再生中继器,使系统的建设、维护及升级成本明显下降;在光网络中利用不同波长实现"全光"上下话路、路由、交叉连接等,网络规划的自由度增加。

(3) 在有线电视(CATV)系统中可有效提高载噪比,克服传输与分配损耗。

(4) 推动了与 WDM 及全光网有关的一系列有源器件、无源器件和子系统的研究与开发,包括使自 20 世纪 60 年代末提出以来在长达 20 多年内一直处于"明日之技术"地位的集成光学进入市场驱动、带动技术进步的良性循环。

4.6 思考题

4-1 什么叫电子的共有化运动？原子能级分裂成能带的原因是什么？

4-2 画图说明半导体、导体和绝缘体的能带结构基本特征。

4-3 光与物质的作用有哪三种基本过程？自发辐射和受激辐射所发的光各有什么特点？

4-4 什么叫粒子数反转分布？怎样才可能实现光放大？什么是泵浦源？

4-5 一般激光器由哪三部分组成？

4-6 请简单说明 LED 和 LD 在发光机理上的区别？

4-7 什么是光电效应？光电检测器件是根据光与物质作用三个过程中在哪个过程做成的？

4-8 什么是雪崩效应？试比较 PIN 型光电二极管和雪崩光电二极管（APD）的优缺点？

4-9 光源的外调制有哪些类型？内调制和外调制各有什么优缺点？

4-10 EDFA 的噪声系数是 6，增益为 100，输入信号 SNR 为 30 dB，信号功率为 10 μW。计算 EDFA 的输出信号功率（用 dB 表示）和 SNR(dB)。

4-11 光放大器可以把 1 μW 的信号放大到 1 mW，当 1 mW 的功率入射到相同的放大器时，输出功率是多少？假定饱和功率是 10 mW。

4-12 请说明同向泵浦、反向泵浦、双向泵浦的含义。对于 0.98 μm 泵浦和 1.48 μm 泵浦的 EDFA，哪种泵浦方式的功率转换效率高？哪种泵浦方式的噪声系数小？为什么？

第5章 光纤的连接与耦合

```
◆ 本章重点
  ☒ 产生光纤连接损耗的因素
  ☒ 光纤熔接的操作方法
  ☒ 光纤与光源的耦合方式
  ☒ FBT 耦合方式的工作原理及特点
```

实际应用的光纤通信系统都是由许多根光纤连接构成的,而两根光纤之间的连接需要精心设计连接技术,以最大限度地降低由接头引起的损耗,这种损耗常常要占到光纤通信系统总损耗的 30% 左右。除了光纤本身的连接以外,光纤还需要与系统中的光源、探测器及各种光无源器件耦合,其耦合效率(耦合损耗)在很大程度上影响着光器件及整个系统的性能。因此,光纤的连接与耦合是一个值得研究的重要方面。

5.1 光纤的连接

5.1.1 光纤的连接损耗

所谓损耗就是指光纤每单位长度上的衰减,单位为 dB/km。光在光纤中传输时会产生损耗,而损耗的高低直接影响光的传输距离或中继站间隔距离的远近。这种损耗主要是由光纤自身的传输损耗和光纤接头处的连接损耗组成。然而光纤一经确定,其光纤自身的传输损耗也基本确定,而因光纤的连接而产生的损耗则与光纤的本身及现场施工等诸多因素有关。光纤的连接损耗占整个光纤线路损耗相当大的一部分,因此光纤连接问题不容忽视,努力降低光纤的连接损耗,对光纤通信有着非常重大意义。

影响光纤连接损耗的因素较多,大体可分为光纤本征因素和非本征因素两类。

1. 本征因素造成的损耗

本征因素所造成的损耗是由光纤制造过程中出现的偏差和缺陷而引起的,不能用机械或外加工的方法加以修正,是固有的损耗。

造成这类损耗的原因主要有:光纤模场直径不一致;光纤芯径失配;纤芯截面不圆;纤芯与包层同心度不佳等。其中,由于光纤模场直径的不一致而产生的影响最大。按国际电报电话咨询委员会（CCITT）建议,单模光纤的容限标准:模场直径为 $9\sim10$ $\mu m \pm 10\%$,即容限约为 ±1 μm;包层直径为 (125 ± 3) μm;模场同心度误差应不大于 6%,包层不圆度应不大于 2%。

2. 非本征因素造成的损耗

影响光纤连接损耗的非本征因素,是光纤制造过程结束后,进行连接出现的损耗,是附加损耗。这类损耗主要由以下几方面的原因造成。

(1) 轴心错位。由于单模光纤纤芯很细,两根对接光纤轴心错位,使得纤芯不同心,从而影响连接损耗。当错位 1.2 μm 时,连接损耗达 0.5 dB,如图 5-1 所示。

(2) 轴心倾斜。当光纤断面倾斜 1° 时,产生约 0.6 dB 的连接损耗,如果要求连接损耗不大于 0.1 dB,则单模光纤的倾角应不大于 0.3°,如图 5-2 所示。

图 5-1 轴心错位　　　　　　　　　图 5-2 轴心倾斜

(3) 端面分离。当熔接机放电电压较低时,容易产生端面分离,连接损耗很大,这种情况一般在有拉力测试功能的熔接机中可以发现,如图 5-3 所示。

(4) 端面质量。光纤端面的平整度不好时也会产生损耗,甚至产生气泡,如图 5-4 所示。

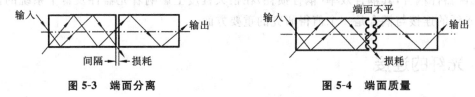

图 5-3 端面分离　　　　　　　　　图 5-4 端面质量

另外,连接人员的操作水平、操作步骤、盘纤工艺水平、熔接机中电极清洁程度、熔接参数设置、工作环境清洁程度等都会影响连接损耗值。

5.1.2 光纤的固定连接

光纤间不可拆除的连接便是光纤的固定连接,通常称之为接头。常用的固定连接的方法有熔接法和 V 形槽机械连接法两种。

熔接法是在光纤端面处理好后,进行轴心对准,熔化光纤端面后进行连接。这种方法产生的连接损耗非常小,典型的平均值为 0.06 dB。

V 形槽机械连接法是将制备好的光纤端面紧靠在一起,用 V 形槽固定接头,然后将两根光纤使用黏合剂黏合在一起或是采用压盖将光纤固定。这种连接方法的损耗一般在 0.1 dB 左右。

我们往往希望光纤的固定连接能操作简便、插入损耗小、性能稳定,因而采用高精度的全自动熔接机来熔接光纤,这是目前最为常用且实用的一种固定连接的方法。

1. 光纤固定连接的基本要求

光纤的固定连接主要用于传输线路中的永久性连接,连接质量的好坏直接影响光纤的传输损耗、传输距离,以及传输系统的稳定性和可靠性。因此,对光纤的固定连接有以下几点要求:操作简单,便于实现;损耗要小,稳定性要好;机械强度高,寿命长;接头体积小,易保护;成本低,材料易采购。

2. 光纤熔接机简介

光纤熔接机是目前使用最广泛的一种常用机型,它一次可完成一根光纤的连接。它可对光纤进行自动对准、熔接和连接损耗的测试,有热接头图像处理系统,能对熔接过程自动监测。

光纤熔接机主要由高压电源、放电电极、光纤调准装置、控制器和显示器几部分构成。

高压电源用于产生 3000~4000 V 高压。

放电电极安装于电极架上,两尖端间隔一般为 0.7 mm,在接通高压后电极间产生电弧,使光纤熔化。

光纤调准装置是对光纤进行对准的微调机构,它的微调值在 $\pm 10~\mu m$ 以上。

控制器包括监视单元和微处理机两部分。其监视单元是本地光功率监测,由微处理机完成自动调整和连接损耗估算。通过改变微机程序可以调整放电时间和放电电流。

显示装置采用显微镜观察被接光纤端部,用电视或液晶显示器观察光纤状态和熔接质量。

3. 光纤熔接的操作方法

1) 工具、器材准备

使用的工具主要有光纤熔接机、光纤剥线钳、光纤切割刀、热缩套管、酒精泵瓶、脱脂棉,如图 5-5 所示。

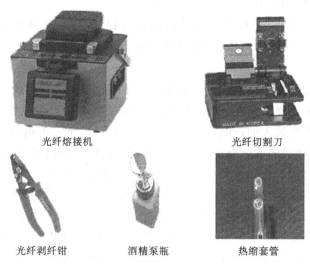

光纤熔接机　　　　　　　　　　光纤切割刀

光纤剥纤钳　　　酒精泵瓶　　　热缩套管

图 5-5　主要使用的工具

2) 端面的制备

光纤熔接前处理的好坏会直接影响连接损耗,因此光纤端面的制备显得格外重要。端面制备前应先将光纤保护套管穿入光纤。

(1) 光纤涂覆层的剥除。

光纤主要由纤芯、包层、涂覆层 3 部分组成。光纤涂覆层需剥除 35~50 mm,要掌握平、稳、快三字剥纤法。"平",即持纤要平,左手拇指和食指捏紧光纤,使之成水平状,所露长度以5 cm为准,余纤在无名指、小拇指之间自然打弯,以增加力度,防止打滑。"稳",即剥纤钳要握得稳。"快",即剥纤要快,剥纤钳应与光纤垂直,上方向内倾斜一定角度,然后用钳口轻轻卡住光纤,右手随之用力,顺光纤轴向平推出去,整个过程要自然流畅,一气呵成。

(2)光纤的清洁。

观察光纤剥除部分的涂覆层是否全部剥除,若有残留应重剥,如有极少量不易剥除的涂覆层,可用棉球沾适量无水酒精,边浸渍,边逐步擦除。将棉花撕成层面平整的扇形小块,沾少许酒精(以两指相捏无溢出为宜),折成V形,夹住已剥覆的光纤,顺光纤轴向擦拭(X、Y轴各擦拭一遍),力争一次成功。一块棉花使用2~3次后要及时更换,每次要使用棉花的不同部位和层面,这样既可提高棉花利用率,又防止了纤芯的二次污染。

(3)光纤的切割。

切割是光纤端面制备中最关键的部分,精密、优良的切刀是基础,严格、科学的操作规范是保证。操作人员应经过专门训练,掌握动作要领和操作规范。首先要清洁切刀和调整切刀位置,切刀的摆放要平稳。切割时,动作要自然、平稳,勿重、勿急,避免断纤、斜角、毛刺、裂痕等不良端面的产生。切割光纤保留长度约16 mm,两侧光纤端面倾斜角均小于0.5°。

切刀有手动切刀和电动切刀两种。前者操作简单,性能可靠,随着操作者水平的提高,切割效率和质量可大幅度提高,且要求裸纤较短,但该切刀对环境温差要求较高。后者切割质量较高,适宜在野外寒冷条件下作业,但操作较复杂,工作速度恒定,要求裸纤较长。熟练的操作者在常温下进行快速光缆连接或抢险,采用手动切刀为宜;反之初学者在野外较寒冷条件下作业时,采用电动切刀。

已制备的端面切勿放在空气中,移动时要轻拿轻放,防止与其他物件擦碰。裸纤的清洁、切割和熔接的时间应紧密衔接,不可间隔时间过长。

3)光纤熔接

熔接前,根据光纤的材料和类型,设置好最佳预熔接电流、时间及光纤送入量等关键参数。熔接作业开始前需要做放电试验。熔接机在熔接环境中至少放置15 min,尤其是在放置环境和使用环境差别较大的情况(如冬天的室内与室外)下。根据当时的气压、温度、湿度等环境情况,设置熔接机的放电电压及放电位置,调整V形槽使驱动器复位,使熔接机自动调整到满足现场实际的放电条件上工作。在施工中采用的是高精度全自动熔接机,它具有X、Y、Z三维图像处理技术和自动调整功能,可对要进行熔接的光纤进行端面检测、位置设定和光纤对准(多模光纤以包层对准,单模光纤以纤芯对准),具体操作过程如下。

(1)将端面制备完毕的光纤放入熔接机的V形槽中,并露出2~3 mm,查看光纤端面是否接近于电极棒处,切勿超过两个电极棒的中线,保证两根光纤有15~20 μm的距离,盖好防护盖。启动熔接机的自动熔接开关进行熔接。

(2)预热推近。用电弧对光纤端部加热0.2~0.5 s,使毛刺、凸面除去或软化;同时将两根光纤相对推近,使端面直接接触且受到一定的挤压力。

(3)光纤移动停止后,用电弧使接头熔化并连接在一起。多模光纤的放电时间为2~4 s,单模光纤的为1 s。

熔接过程中应及时清洁熔接机V形槽、电极、物镜、熔接室等,并随时观察熔接中有无气泡、过细、过粗、虚熔、分离等不良现象,注意OTDR跟踪监测结果,及时分析产生上述不良现象的原因,采取相应的改进措施。如果多次出现虚熔现象,应检查熔接的两根光纤的材料、型号是否匹配,切刀和熔接机是否被灰尘污染,并检查电极氧化状况,若均无问题,则应适当提高熔接电流。

在连接中,应根据环境,对切刀 V 形槽、压板、刀刃进行清洁,谨防端面污染。

4）熔接补强保护

在施工中,采用光纤热缩保护管(热缩管)来保护光纤接头部位,如图 5-6 所示。注意,热缩管一定要在剥覆前穿入。将预先穿置光纤某一端的热缩管移至光纤接头处,让熔接点位于热缩管中间,轻轻拉直光纤接头,放入加热器内加热。醋酸乙烯(EVA)内管熔化,聚乙烯管收缩后紧套在连接好的光纤上。这种套管内有一根不锈钢棒,它增加了抗拉强度(承受拉力为 10~23 N)。同时也避免了因聚乙烯管的收缩而可能引起连接部位的微弯。

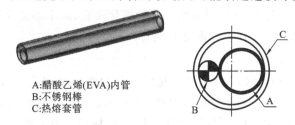

A:醋酸乙烯(EVA)内管
B:不锈钢棒
C:热熔套管

图 5-6　光纤热缩保护管

4. 光纤熔接的注意事项

光纤熔接时应注意如下事项。

(1) 热缩管应在剥覆前穿入,严禁在端面制备后穿入。

(2) 剥纤时应掌握平、稳、快三字剥纤法。

(3) 对裸纤进行清洁时,一块棉花使用 2~3 次后要及时更换,每次要使用棉花的不同部位和层面。

(4) 切割后的裸纤长度应保留在 1.5 cm 左右。若太长,熔接后超过热缩管长度,则不能保护裸纤。

(5) 制备光纤端面时必须先擦拭后切割,制备好的光纤端面必须清洁,不得有污物。裸纤的清洁、切割和熔接应紧密衔接,不可间隔过长,特别是已制备的端面切勿长时间暴露在空气中,更不能使其受潮。

(6) 熔接作业开始前需要做放电试验,并使熔接机在熔接环境中至少放置 15 min。

5. 光纤连接质量

光损耗是度量光纤接头质量的重要指标。可以使用光时域反射仪(OTDR)或熔接接头的损耗评估方案等方法来确定光纤接头的光损耗。

1）OTDR 测试仪表监测

光时域反射仪(Optical Time Domain Reflectometer,OTDR)是一种科技含量很高的精密仪表,如图 5-7 所示。它所采用的测试技术称为背向散射测试技术,能测试整个光纤链路的衰减,并能提供与长度有关的衰减细节,同时可检测接头损耗及故障点。OTDR 具备非破坏性且只需在一端测试的优点。由于它功能多、操作简便、测量的重复性高、体积小、不需其他仪表配合、能自动存储和打印测量结果,目前已成为光通信系统工程检测中最重要的仪表。

图 5-7　OTDR 光时域反射仪

加强 OTDR 测试仪表的监测,对确保光纤的熔接质量、减小因盘纤带来的附加损耗和封盒可能对光纤造成的损害,具有十分重要的意义。

2)熔接接头的损耗评估方案

某些熔接机使用一种光纤成像和测量几何参数的断面排列系统,通过从两个垂直方向观察光纤,以及通过计算机处理并分析该图像,从而确定包层的偏移、纤芯的畸变、光纤外径的变化和其他关键参数,使用这些参数来评价接头的损耗。但依赖于接头和它的损耗评估算法求得的连接损耗可能与真实的连接损耗有相当大的差异。

5.1.3　光纤的活动连接

光纤的活动连接是靠连接器来实现的,连接器俗称活接头,国际电信联盟(ITU)建议将其定义为"用以稳定地,但并不是永久地连接两根或多根光纤的无源组件"。连接器的使用,使得光通道间的可拆式连接成为可能,为光纤提供了测试入口,方便了光系统的调测与维护;同时也为网路管理提供了媒介,使光系统的转接调度更加灵活。光纤活动连接器的结构、特性和种类参见第 3 章。

1. 光纤活动连接器的安装技术

针对连接器不同的类型和需求,如可靠性、方便性和安装时间/成本等,有多种光纤连接器的安装技术可供选择。

1)环氧灌封技术

环氧灌封是光纤活动连接器最先使用的安装技术之一,这种技术有如下四个优点:① 环氧的耐环境能力强,能提高连接器的可靠性,如耐高温可达 105 ℃;② 由于环氧与光纤、陶瓷套管的热膨胀系数比较匹配,因此在较宽的温度范围内,损耗稳定;③ 由于在套管的末端形成一个环氧垫圈,在手工或机械抛光的过程中,这个垫圈支撑、保护着光纤,消除了光纤末端的损坏和破裂的可能性,可以大大提高效率;④ 能够使用低成本的连接器。

但这种安装技术使用不便、安装效率低,会增加功率消耗。

2)热熔安装技术

热熔安装技术是 3M 公司发明的一种技术:热熔胶预先装入连接器中,预热连接器使黏胶软化,以便光纤能够装入,将光纤和(或)光缆装入连接器,冷却后,再去除多余的光纤,并对端面进行抛光。

与环氧灌封相比，热熔工艺方法缩短了时间，避免了易脏和不方便性，提高了安装效率。但热熔连接器比环氧连接器昂贵，采用热熔安装方法所使用的加热炉和专用炉需要消耗功率。

3）快速固化粘接技术

快速固化粘接技术的优点有：解决了热熔安装、环氧灌封的缺点和不便性，而且消除了对功率的要求，提高了安装效率，降低了安装成本。该方法适用于低成本的陶瓷套管连接器，使总安装成本降低。

快速固化粘接技术的缺点有：黏胶过早固化；对光纤的支撑作用小；可靠性降低。由于对光纤的支撑作用很小，在去除多余的光纤或抛光过程中，容易使光纤折断，成品率和效率低。当涂有固化剂、促凝剂的光纤插入装有黏胶的连接器时，如果插入光纤太慢，粘胶固化，使光纤尚未完全插合到位就已被固定，在这种情况下，插入连接器的光纤很少，会导致连接器的可靠性下降。另外，当温湿度变化大或温湿度急剧变化时，一些快速固化胶性能会降低，也会影响连接器的可靠性，所以快速固化粘接一般应用于室内环境。

4）无胶抛光技术

无胶抛光技术是由 AMP、3M 和 Automatic Tool and Connector 等几家公司提出的一种安装技术：使用机械方法夹紧光纤，然后进行抛光的技术。虽然夹紧方便，消耗时间少，但在抛光过程中，由于对光纤缺乏支撑和保护，光纤容易损坏，所以对安装人员的技术水平和责任心要求较高，且成品率较低。

5）切割技术

切割是无环氧/无黏胶/无抛光连接器产品的一种安装技术。其方法是：切割光纤末端，把光纤插入连接器，将光纤与连接器压接或夹紧。

由于切割安装方法不使用粘胶和抛光工艺，所以减少了安装时间，降低安装成本，另外对安装人员的技术水平要求没有以上几种方法高，降低了培训成本。但这种方法对切割工具、设备的要求较高，且连接器的结构复杂，价格高，提高了安装总成本。

2. 光纤活动连接器使用时的注意事项

光纤活动连接器使用中应注意以下几点事项。

（1）光纤活动连接器插针针体要保持清洁，不使用时一定戴好护帽。

（2）光纤活动连接器的纤缆部分禁止直角和锐角弯折，严禁受重物挤压，纤体有折痕、压痕、破损的连接器不能使用，纤体的盘绕半径需要大于 30 mm。

（3）一端已与光设备连接的光纤连接器端面通常不要用眼直视，否则会对视力造成伤害。

（4）在进行光纤连接时一定要注意光纤连接头的匹配。

（5）光纤活动连接器在与法兰盘对接时，定位销一定要对准法兰盘凹槽。

3. 知识应用

（1）APC 连接器端面的倾斜角是 8°，为什么？

答：一般普通光纤的数值孔径的典型值为 0.13，由 $NA = \sin\theta_A$，得接收角为 $\theta_A = 7.5°$，而

8°倾斜角使反射光角度大于接收角,这样反射光就不会被反射回去。

（2）对光纤进行端面设计（比如采用球面端面 PC）的目的是什么？

答：对光纤进行端面设计的目的是缩短光纤端面间隙,减小菲涅尔反射,降低插入损耗,并使部分反射光旁路,以增大回波损耗。实际上当光纤端面的间隙小于 $\lambda/4$（约为 $0.3\ \mu m$,$\lambda=1300\ nm$）时,由于干涉效应,菲涅尔反射基本消除,插入损耗可减少 $0.3\ dB$,回波损耗相应增大。PC 连接器采用球形端面,效果较好,加工技术也较成熟。斜面接触的 APC 连接器,虽增大回波损耗,但加工比较困难。在端面镀增透膜,也是减小插入损耗,增大回波损耗的办法。目前,一般连接器插入损耗为 $0.3\ dB$,反射损耗为 $-40\sim-30\ dB$,优质产品可达 $-60\sim-50\ dB$。

5.2　光纤耦合

一般来说,光纤耦合主要是指两个方面的内容:一是指把光源发出的功率最大限度地输送到光纤中去,即光源与光纤的耦合;二是指把光信号在光纤上由一路向两路或多路传送,或把 N 路光信号合路再向 M 路或 N 路分配,即光纤的分光与合光。

下面,我们将从这两个方面来讨论光纤耦合这个问题。

5.2.1　光源与光纤的耦合

1. 光源与光纤的耦合效率

光源与光纤的耦合效率的高低直接影响入纤功率的大小,从而影响光纤传输系统中的传输距离和中继站间隔距离的远近。提高耦合效率对于光纤通信系统来说是非常有价值的。光耦合效率定义为耦合入光纤的功率与光源发出的功率的比值,表达式为

$$\eta=P_{F}/P_{S} \tag{5-1}$$

式中：P_{F}——耦合入光纤的功率；

　　　P_{S}——光源发出的功率。

影响耦合效率的因素包括光源和光纤两个。对于光源而言,光源的尺寸、面辐射强度、角向功率分布等参量都会对耦合效率产生影响。对于光纤而言,数值孔径 NA、纤芯尺寸、折射率分布等参量也会对耦合效率产生影响。通信光纤的数值孔径 NA 一般较小（0.2 左右）,而半导体光源发散角一般较大,光纤接收角外的光源辐射不能进入光纤传输,所以通常情况下,光纤数值孔径损耗是限制耦合效率的主要因素,尤其对光束发散角较大的面发光二极管（SLED）更是如此。图 5-8 所示的为面发光二极管、边发光二极管和半导体激光管的数值孔径与耦合效率的比较。

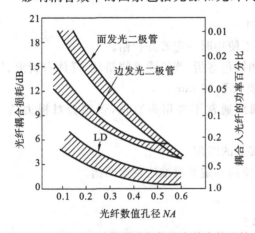

图 5-8　几种光源的数值孔径与耦合效率的比较

2. 直接耦合

光源与光纤耦合最简单的方法是直接耦合,即把光纤端面直接对准光源发光面。这种方法虽然简单,但耦合效率很低。现以面发光二极管与光纤的耦合为例,来说明这种耦合方式的耦合效率,以及耦合效率与光源发散角和光纤数值孔径的关系。面发光二极管的输出辐射光强符合朗伯分布,即沿 θ 角方向辐射强度满足

$$I(\theta) = I_0 \cos\theta \tag{5-2}$$

式中: I_0 ——光强沿 $\theta = 0$ 方向的辐射强度。

在 θ 方向, $\Delta\theta$ 对应的小立体角 $\Delta\Omega$ 内,辐射功率为 $I_0\cos\theta\Delta\Omega$,而 $\Delta\Omega = 2\pi\sin\theta\Delta\theta$,因此光源发射的总功率为

$$P_S = \int_0^{\pi/2} (I_0\cos\theta)(2\pi\sin\theta)\mathrm{d}\theta = \frac{-\pi I_0}{2}\cos2\theta\Big|_0^{\pi/2} = \pi I_0 \tag{5-3}$$

光纤从光源接收的最大功率为

$$P_F = \int_0^{\theta_{\max}} (I_0\cos\theta)(2\pi\sin\theta)\mathrm{d}\theta = \frac{-\pi I_0}{2}\cos2\theta\Big|_0^{\theta_{\max}}$$
$$= \pi I_0 \sin^2\theta_{\max} = P_S(NA)^2 \tag{5-4}$$

则面发光二极管与光纤的耦合效率为

$$\eta = P_F/P_S = (NA)^2 \tag{5-5}$$

即耦合效率为数值孔径的平方。设数值孔径取 $NA = 0.13$,则耦合效率 $\eta \approx 2\%$,非常低。

对于边发光二极管和 LD,它们的发散角比面发光二极管要小,设其垂直和平行于结平面的发散角分别为 $\theta_\perp$ 和 $\theta_\#$,则它们与光线的直接耦合效率可按式(5-6)估算,即

$$\eta = (NA)^2 \frac{120°}{\sqrt{\theta_\perp \theta_\#}} \tag{5-6}$$

设条形 LD 的 $\theta_\perp = 45°$, $\theta_\# = 8°$, $NA = 0.15$,则计算出耦合效率 $\eta \approx 14\%$ 。可见,即使是发散角比较小的 LD,其耦合效率也只有大约 14%,光源发出的 80% 以上的功率都损耗掉了。

例 5-1　设光源为条形 LD,其 $\theta_\perp = 45°$, $\theta_\# = 9°$,光纤数值孔径 $NA = 0.14$,计算光源耦合入光纤的直接耦合效率。

解　由 LD 光源与光纤直接耦合效率计算式

$$\eta = (NA)^2 \frac{120°}{\sqrt{\theta_\perp \theta_\#}}$$

可得 LD 光源耦合入光纤的直接耦合效率为

$$\eta = (NA)^2 \frac{120°}{\sqrt{\theta_\perp \theta_\#}} = (0.14)^2 \times \frac{120°}{\sqrt{45° \times 9°}} = 11.7\%$$

则该光源耦合入光纤的直接耦合效率为 11.7%。

3. 透镜耦合

为了提高耦合效率,可以在光源与光纤端面之间插入一个透镜,称为透镜耦合。但透镜耦合方式并不一定能提高耦合效率,这里有一个耦合效率准则概念。由几何光学中的刘维定理可知,对于朗伯型光源(如发光二极管),不管中间加什么样的光学系统,它的耦合效率不会超过一个极大值,即

$$\eta_{max} = \frac{S_f}{S_e}(NA)^2 \qquad (5-7)$$

式(5-7)表明：当发光面积 S_e 大于光纤接收面积 S_f 时，加任何光学系统都没有用，最大耦合效率可用直接耦合得到；当发光面积 S_e 小于光纤接收面积 S_f 时，加上光学系统是有用的，可以提高耦合效率，而且发光面积越小，耦合效率提高得越多。在这个准则下，有如下透镜耦合方式。

1）光纤端面球透镜耦合

这种方法是将光纤端面做成一个半球形，使它起到短焦距透镜作用。从图 5-9 可见，端面球透镜可起到提高光纤的等效收光角的作用，因而提高了耦合效率。实验表明：这种耦合方法对阶跃型光纤效果较好，对阶跃型光纤则效果差些。

2）圆柱透镜耦合

半导体激光器所发出的光在空间上是不对称的，在平行于 PN 结方向上光束比较集中（$2\theta_{/\!/}$ 为 5°～6°），在垂直于 PN 结方向上发散较大（$2\theta_{\perp}$ 为 40°～60°），所以直接耦合时效率不高。如果设法使垂直于 PN 结方向上的光束压缩，整个光斑从细长的椭圆形变为接近圆形，然后再与圆形截面的光纤相耦合，这样耦合效率就会有很大提高。利用圆柱透镜可以达到这个目的。该装置如图 5-10 所示。

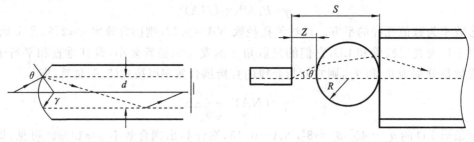

图 5-9　光纤端球透镜耦合　　　　　图 5-10　圆柱透镜耦合

详细研究表明：当圆柱透镜半径 R 与光纤半径相同，激光器位于光轴上，且镜面位于 $Z=0.3R$ 时，可得到最大耦合效率，约为 80%。如果激光器的位置在轴向有偏离，则耦合效率明显下降。也就是说，这种耦合方式对激光器、圆柱透镜及光纤相对位置的精确性要求很高。

3）凸透镜耦合

先将光源放在凸透镜的焦点上，使光变为平行光，然后再用另一个凸透镜将此平行光聚焦到光纤端面上，如图 5-11 所示。这种耦合器由两部分构成，每部分各含一个凸透镜。由于是平行光，对连接部分的精确度要求不高，调整、组装等都比较容易，使用也比较方便。该方式的耦合效率可达 80% 以上。

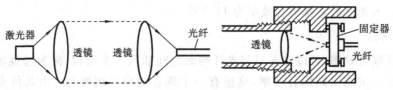

图 5-11　凸透镜耦合

4）自聚焦透镜耦合

用一段长度为 $L_{T/4}$ 的自聚焦光纤代替图 5-11 所示的凸透镜，也可构成耦合器。一般是将光纤与自聚焦光纤透镜胶合在一起，平行光进入自聚焦透镜，经聚焦全部进入光纤，如图 5-12 所示。这种耦合方式，结构紧凑，稳定可靠，耦合效率一般在 50% 左右。

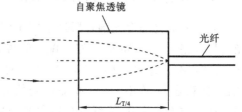

图 5-12　自聚焦透镜耦合

5）圆锥形透镜耦合

将光纤的前端用腐蚀的办法或者用烧熔拉细的办法做成圆锥形，前端半径为 a_1，光纤自身半径为 a_n。光从前端以 θ' 角入射进光纤，经折射后以 γ_1 角射向界面 A 点，如图 5-13 所示。

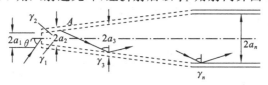

图 5-13　圆锥透镜耦合

因界面为斜面，所以 $\gamma_2 < \gamma_1$。如果锥面的坡度不大，即圆锥形的长度远大于 $a_n - a_1$ 时，近似有

$$\frac{\sin\gamma_{n-1}}{\sin\gamma_n} = \frac{a_n}{a_{n-1}} \tag{5-8}$$

可以证明，有圆锥时光纤的接收角 θ'_c 与平端时光纤的接收角 θ_c 之间有如下关系，即

$$\frac{\sin\theta'_c}{\sin\theta_c} = \frac{a_n}{a_1} \tag{5-9}$$

这表明，有圆锥透镜的光纤的数值孔径是平端光纤数值孔径的 a_n/a_1 倍。

只要前端面直径 $2a_1$ 比光源面积大，这种耦合方式的效率可高达 90% 以上。

4. 光纤全息耦合

由于光全息片可以将光的波前互相变换，因此，可以用来作为一种光纤耦合器。全息耦合的制作方法如图 5-14（a）所示。激光经过光纤后成为发散光，作为物光 I_F，而由 M 镜反射的直线光作为参考光 I_0。用重铬酸明胶或卤化银照相乳胶片作全息记录介质，这个全息片就是一个光纤耦合器，如图 5-14（b）所示。理论上讲，这种耦合方式的耦合效率是非常高的，但是，由于全息片的衍射效率的影响及衰减损耗，实际耦合效率与透镜耦合相比并不优越。但它的最大优点是，可以作为多功能的光学元件来应用。例如，使用全息耦合器件的光纤传

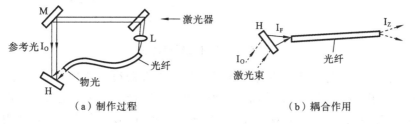

（a）制作过程　　　　　（b）耦合作用

图 5-14　全息耦合

感器系统,它可使常规光纤传感器系统大为简化。

5.2.2　光纤的分光与合光耦合器

光纤的分光与合光耦合器是指把光信号在光纤上由一路向两路或多路传送,或把 N 路光信号合路再向 M 路或 N 路分配的装置,是光纤与光纤的耦合,属于光无源器件,在电信网络、有线电视网络、用户回路系统、区域网络中均得到广泛的应用。光纤耦合器可分为标准耦合器(双分支,单位 $1×2$,亦即将光信号分成两个功率)、星形/树形耦合器及 WDM 耦合器。从制作方式来分,光纤耦合器主要分为熔接双锥渐细(FBT)耦合器(以后简称 FBT 耦合器)、微光学式(Micro Optics)耦合器和光波导式(Wave Guide)耦合器等,如图 5-15 所示。

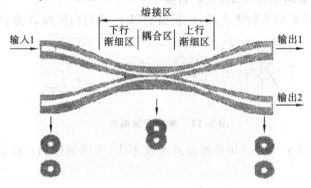

（a）熔接双锥渐细(FBT)耦合器

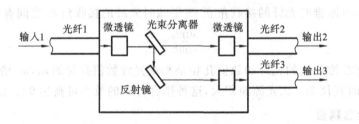

（b）微光学式(Micro Optics)耦合器

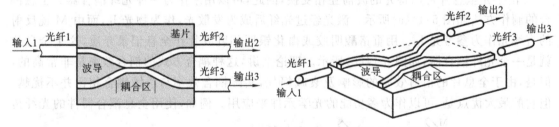

（c）光波导式(Wave Guide)耦合器

图 5-15　几种光纤耦合器

这些耦合器也有缺点。FBT 耦合器和微光学式耦合器很难达到高端口数,制造光波导式耦合器则需要很大的投资,成本较高。一般来说,FBT 耦合器最适合低价、低端口数的应用;光波导式耦合器在有 16 或更多端口的网络中工作最好;微光学式耦合器适用于高性能通信网络。但涉及集成到光纤网络能力时,FBT 耦合器最好。

下面主要介绍一下 FBT 耦合器。

1. FBT 耦合器的工作原理

FBT 耦合器是利用熔融拉锥法制成的光纤耦合器,将一根或两根(或以上)已除去涂覆层的光纤以一定方式靠拢,在高温下熔融,同时向两侧拉伸,最终在熔接区形成双锥形式的特殊波导结构,实现传输光功率的耦合。

当拉长加热的光纤时,纤芯直径会减少,因为有归一化频率 $V = \frac{2\pi an}{\lambda}\sqrt{2\Delta}$(其中,$2a = d$ 是光纤的纤芯直径,λ 是工作波长,n 和 Δ 分别是平均折射率和相对折射率),则 V 值变小。而 V 值越小,模场直径超过光纤纤芯直径就越多。因此,纤芯直径减小使一个光模式的很多部分在包层中被耦合到其他光纤的纤芯中去了。

随输入模式的模场直径在下行渐细区变得越来越大,耦合过程逐渐发生。在耦合区内,由于两个纤芯靠得非常接近,则光模从一个纤芯耦合到另一个纤芯,在上行渐细区光纤直径增大,光模式越来越多地被限制在纤芯内,最终两个分离的光模式从两根分开的光纤输出,参看图 5-15(a)。

2. FBT 耦合器的优点

FBT 耦合器主要如下五个优点。

第一,极低的附加损耗。光从纤芯模式转换到耦合模式,然后再转换回纤芯模式在理论上是无损耗的。又因为光在耦合过程中从未离开光纤结构,所以它从未遇到任何界面,因此无回射。对于 X 型和 Y 型耦合器,附加损耗小于 0.05 dB。

第二,由于 FBD 耦合器是由常规光纤制作的,连接一个 FBD 耦合器到传输光纤是容易且是低损耗的。

第三,方向性好,隔离度可达到 60 dB,保证了传输光信号的定向性,减小了线路之间的串扰。

第四,良好的环境稳定性,光路结构简单紧凑,在 $-40 \sim 85$ ℃温度范围内耦合器可以保证稳定工作。

第五,制作成本低,适合批量生产。

5.2.3 光耦合器的技术参数

1. 插入损耗(Insertion Loss)

$$IL_i = -10\lg \frac{P_{\text{out}i}}{P_{\text{in}}} \tag{5-10}$$

式中:IL_i——第 i 个输出端口的插入损耗;

$P_{\text{out}i}$——第 i 个输出端口的光功率;

P_{in}——输入的光功率。

2. 附加损耗(Excess Loss)

$$EL = -10\lg \left(\frac{\sum\limits_i P_{\text{out}i}}{P_{\text{in}}} \right) \tag{5-11}$$

对于光耦合器,附加损耗是体现器件制造工艺质量的指标,反映的是器件制作过程带来的附加固有损耗。插入损耗是各输出端口的输出功率状况,不仅与固有损耗有关,而且与分光比有很大的关系。插入损耗并不能反映器件制作质量,这一点值得注意。

3. 分光比(Coupling Ration)

$$CR_i = \frac{P_{\text{out}i}}{\sum P_{\text{out}i}} \times 100\% \tag{5-12}$$

它是光耦合器特有的技术指标。

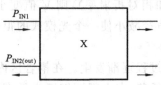

图 5-16　耦合器的方向性

4. 方向性(Directivity)

方向性是光耦合器特有的技术指标,是衡量器件定向传输特性的参数。以图 5-16 为例,由 2 端输出的光功率 $P_{\text{IN2(out)}}$ 与全部注入的光功率 P_{IN1} 之比即为方向性参数,即

$$DL = -10\lg\left(\frac{P_{\text{IN2(out)}}}{P_{\text{IN1}}}\right) \tag{5-13}$$

5. 均匀性(Uniformity)

均匀性用来衡量光耦合器的不均匀程度

$$FL = -10\lg\left(\frac{\text{Min}(P_{\text{out}i})}{\text{Max}(P_{\text{out}i})}\right) \tag{5-14}$$

6. 隔离度(Isolation)

$$I = -10\lg\left(\frac{P_{\text{out}i}}{iP_{\text{in}i}}\right) \tag{5-15}$$

式中:$P_{\text{out}i}$——在第 i 个光输出端测到的其他输出光功率;

$\quad\quad\ P_{\text{in}i}$——输入光功率。

例 5-2　一无源树形耦合器(1×2),输入端注入光功率 30 mW,2 个输出端口光功率分别是 4.9 mW 和 5.1 mW,求此耦合器的各端口插入损耗。

解　由式(5-10)可得 2 端口的插入损耗分别为

$$IL_1 = -10\lg\left(\frac{P_{\text{out}1}}{P_{\text{in}}}\right) = -10\lg\left(\frac{4.9}{30}\right) \text{ dB} = 7.9 \text{ dB}$$

$$IL_2 = -10\lg\left(\frac{P_{\text{out}2}}{P_{\text{in}}}\right) = -10\lg\left(\frac{5.1}{30}\right) \text{ dB} = 7.7 \text{ dB}$$

5.3　思考题

5-1　光纤熔接前,要对端面如何进行处理?

5-2　为什么光纤热缩保护管要在端面制备前套入?

5-3　熔接前,对光纤端面预热有什么作用?

5-4　光纤活动连接器使用时要注意些什么?

5-5　光源与光纤耦合时,耦合效率主要与哪些因素有关,并说明是什么样的关系?

5-6　利用透镜耦合来提高耦合效率,有什么条件限制?

5-7 FBT 耦合器有什么优缺点？

5-8 一个 1×6 无源树形耦合器，输入端注入光功率 35 mW，6 个输出端口光功率分别是 4.9 mW、5.0 mW、5.2 mW、4.9 mW、5.0 mW 和 5.1 mW，求此耦合器的各端口插入损耗、附加损耗和分光比。

第 6 章 特 种 光 纤

◆ 本章重点
  ☼ 常见特种光纤的特点
  ☼ 常见特种光纤的应用

前面章节已介绍了光纤导光的基本原理、基本性能指标,以及一些常用的光无源器件、用光纤为主体做成的在通信领域起着重要作用的光器件和设备。这里,光纤的基本任务是传导,即其属性是信号光的传输介质;特殊一点的是,当通过掺杂,经过特殊的工艺处理后,它也可以完成某些其他任务。

但是在某些领域,如医疗、航天、国防等,无论是光纤的工作环境,还是其功用,都发生了很大的变化,这时必须用到特种光纤。

特种光纤由特种材料制造并具有特种功能,其品种繁多,发展迅速,主要包括色散补偿光纤、保偏光纤、耐高温光纤等。

色散补偿光纤通过改变光纤的折射率剖面结构,来影响光纤的波导色散系数,使得光纤的总色散系数在 C 波段或 L 波段的变化趋势和数值与传输光纤刚好相反。色散补偿光纤可用作通信链路的色散补偿。

保偏光纤结构为在靠近光纤芯处有两个对称应力区,光纤材料为石英玻璃,应力区的材料为高浓度掺硼石英玻璃。由于应力区与光纤包层的热压缩不同,因而在光纤中应力区方向引入很强的内应力,应用于光纤陀螺仪、光纤水听器、光纤传感器。

耐高温光纤是在石英光纤的制造过程中,在光纤的外表面涂覆上能够承受较高温度的涂层,应用于石油化工、航空航天、医疗器械、传感器件。

本章将对这些特种光纤作一些简单的介绍。

6.1 偏振保持单模光纤

保偏光纤在许多与偏振相关的应用领域具有使用价值。随着通信系统传输速率的提高和光纤陀螺等高级光纤传感器件的发展,对偏振态系统控制的问题变得非常重要。

目前,国际上有各种类型的保偏光纤产品进入市场,知名的保偏光纤制造公司有生产领结型保偏光纤的 FiberCore 公司,有生产椭圆包层保偏光纤的 3M 公司,以及生产熊猫型保偏光纤的 Fujikura、Corning、Nufern、YOFC 和 OFS 等公司。所有这些公司生产的保偏光纤都具有良好的双折射性能。目前市场需求量为 5000 km,市场容量在 5000 万元左右,国内对保偏光纤的需求量逐年增大。表 6-1 所示的为典型的熊猫型保偏光纤的技术指标。

表 6-1 典型的熊猫型保偏光纤的技术指标

工作波长/nm	980	1310	1550
截止波长/nm	800~970	1100~1290	1290~1520
模场直径/μm	6.5±1	6.0±1	10.5±1
衰减/(dB/km)	≤2.5	≤1	≤0.5
拍长/mm	≤3	≤3	≤4
偏振串音/(dB/100 m)	≤−30	≤−30	−30

常规保偏光纤大多采用预制棒钻孔的方法,然后置入应力硼棒,形成应力双折射。光子晶体光纤科学技术的出现,为保偏光纤技术提供了新的途径。目前,国外已经开始了光子晶体 PMF 的研究,利用氧化硅与空气之间的折射率反差大,容易获得高双折射,研制出了保偏光子晶体光纤(PCF)。英国巴斯大学报道了其研制的高双折射 PCF,利用相同直径、不同壁厚的毛细管组合成预制棒,实现不同的微孔直径。光纤外直径为 125 μm、节距为 1.46 μm、小孔直径 0.54 μm、大孔直径 1.14 μm、在 1 550 nm 的拍长为 410 μm,双折射 $B=3.8\times10^{-3}$,这些参数约为目前熊猫型 PMF 的 10 倍。Theis P. Hansen 利用光子晶体光纤可以提高设计自由度的优势,在光纤中引入双纤芯,微孔点阵呈现三角形点阵,研制的光子晶体 PMF 双折射达到 1.0×10^{-3}。目前研制的光子晶体 PMF 在 1 550 nm 窗口的损耗为 1.3 dB/km,并以 10 Gb/s 的速率进行 1.5 km 的传输系统试验。

烽火通信科技股份有限公司在国家科技计划下开展了光子晶体保偏光纤的研究,研制出如图 6-1 所示的保偏光子晶体光纤,其模双折射 $B=3.1\times10^{-3}$,并进行了 10G 通信系统的 PMD 补偿试验研究:图 6-2 中的左图表示系统没有进行 PMD 补偿时的眼图,系统的固定 DGD 为 16 ps,可以看出信号严重地受到系统 PMD 的影响而不能正常工作;采用图 6-1 所示的保偏光子晶体光纤对系统进行 PMD 补偿后,图 6-2 中的右图显示通信系统的眼图睁开,系统恢复正常工作。

 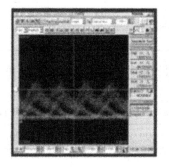 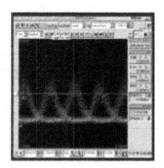

图 6-1 保偏光子晶体光纤　　图 6-2 40Gb/S 的光纤通信系统进行 PMD 补偿前、后的系统眼图

因此,光子晶体保偏光纤以其设计自由度高、保偏性能高,以及空隙中可填充各种材料来制造出各种纤维光学器件,具有广阔的应用前景。

6.2 大芯径大数值孔径光纤

大芯径大数值孔径光纤的芯径和数值孔径大于标称值，即芯径大于 $62.5~\mu m$、数值孔径大于 $0.23~\mu m$ 的光纤。此类光纤与普通光纤相比，损耗大、带宽低，可用于有特殊要求的系统。传像光纤束由数万至数十万根直径为 $10\sim20~\mu m$ 具有纤芯和包层的裸光纤密集并有规则地排列而成，用做传输图像的纤维光学元件，主要用于工业、医学和国防中的监控、内窥和潜望等。传像光纤主要有两种：一种是用光学玻璃制成单根纤维后再排列成束，柔软性好，亮度高，尺寸大，分辨率较低，透光波长范围较小；另一种是用数万根至数十万根石英玻璃纤维制成，透光性好，透光波长范围大，分辨率高，应用更广泛。

大芯径大数值孔径光纤适用于 850 nm 和 1300 nm 窗口，制造光纤采用 PCVD 工艺可确保折射率分布得到精确控制，重复性良好，以及较好的机械性能和环境性能。常见的纤芯直径/包层直径几何尺寸为 30/125（μm）、85/125（μm）、100/140（μm），技术指标如表 6-2 所示。

表 6-2 大芯径大数值孔径光纤技术指标

光纤类型	30/125		85/125		100/140	
纤芯直径/μm	30 ± 2		85 ± 2		100 ± 2	
包层直径/μm	125 ± 2		125 ± 2		140 ± 2	
芯/包层同心度误差/μm	$\leqslant1$		$\leqslant6$		$\leqslant6$	
芯不圆度/（%）	$\leqslant2.5$		$\leqslant6$		$\leqslant6$	
包层不圆度/（%）	$\leqslant1$		$\leqslant4$		$\leqslant4$	
未着色涂覆层直径/μm	250 ± 10		250 ± 10		250 ± 10	
包层/涂覆层同心度误差/μm	$\leqslant8$		$\leqslant12.5$		$\leqslant12.5$	
波长/nm			850	1300	850	1300
最大衰减/（dB/km）			$\leqslant4.0$	$\leqslant2.0$	$3.5\sim7.0$	$1.5\sim4.5$
最小模式带宽/（MHz·km）			$100\sim1000$	$100\sim1000$	$10\sim200$	$100\sim300$
数值孔径	0.08		$0.21\sim0.26$		0.26 ± 0.03	
筛选应力最小值/GPa				0.69		

还有一些大芯径大数值孔径光纤，其纤芯、包层直径更大，主要用于多股合起来传像，见表 6-3。

表 6-3 其他大芯径大数值孔径光纤技术指标

光纤类型	200/230	400/480	600/720
芯直径/μm	200	400	600
包层直径/μm	230	480	720
直径误差/（%）	±2	±2	±2

大芯径大数值孔径光纤可以加工成各种光纤端面形状,其用途较多,可用于短距离通信网、数据传输、强度调制型光纤传感器等。

6.3　色散补偿光纤及模块

随着网络技术的应用日益广泛,以及人们对宽带传输的需求迅速增长,因此,光通信系统需要不断增大传输距离、传输容量和提高传输速率。光纤通信的传输速率从最初的兆比特/秒(Mb/s),2.5 吉比特/秒(Gb/s)到 10 Gb/s,现在高达 40 Gb/s,甚至 160 Gb/s。但是,常规单模光纤(G652)由于在 1530～1625 nm(C＋L 波段)通信波段内具有 11～21 ps/(nm·km)的正色散,非零色散位移光纤(G655)在 C 波段内具有 1～10 ps/(nm·km)的正色散。通信数据传输一段距离后,系统的累积色散不断增加,导致传输信号的波形畸变,造成信号的失真。

为了减小通信链路累积色散对通信系统传输性能的影响,目前,国际上采用色散补偿技术来改善链路色散,包括负色散光纤补偿技术、光纤光栅色散补偿技术、电子色散补偿技术等,其中采用负色散光纤补偿技术进行色散补偿最方便有效,系统性能稳定可靠,成本低,是当前国际上的主流技术。CIR 研究表明:2012 年,全球色散补偿模块和器件的市场规模将会达到 7.55 亿美元。

国内研制的高速大容量光通信系统所需求的宽带色散补偿光纤及其器件(DCM)的成功商用,以及实现 C 波段的色散和色散斜率的双功能补偿,并且大规模应用在波分复用(WDM)及 OTN 光通信系统中,解决了该器件依赖于进口的局面。随着密集波分系统的规模化建设,国内对色散补偿光纤模块的需求量迅速增长,预计到 2015 年国内需求将达到 60000 套(见图 6-3),市场规模将达到 2.2 亿元(见图 6-4)。

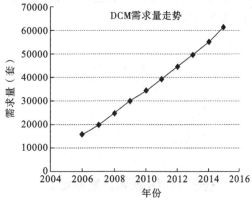

图 6-3　国内 DCM 需求量走势

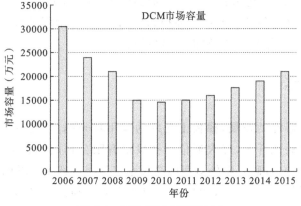

图 6-4　国内 DCM 市场容量

烽火通信科技股份有限公司采用自主知识产权的 PCVD 装备与工艺技术,独立开发出商用化的色散补偿光纤及光纤型补偿模块,成功应用在国内 10 G 和 40 G 通信系统中,并批量出口。表 6-4 所示的为其色散补偿光纤模块的性能指标。

表 6-4 色散补偿光纤模块的性能指标

	FDCM-40	FDCM-60	FDCM-80	FDCM-120
1545 nm Dispersion/(ps/(nm·km))	-670 ± 20	-1000 ± 30	-1340 ± 40	-2010 ± 60
1545 nm Kappa/nm	$280\pm10\%$	$280\pm10\%$	$280\pm10\%$	$280\pm10\%$
Insertion Loss/dB	$\leqslant4.7$	$\leqslant6.4$	$\leqslant8.0$	11.0
PMD/ps	$\leqslant0.5$	$\leqslant0.6$	$\leqslant0.7$	$\leqslant0.92$
PDL/dB	$\leqslant0.1$	$\leqslant0.1$	$\leqslant0.1\leqslant$	$\leqslant0.1$

常规色散补偿光纤模块对 G652 光纤的补偿比率在 $1:8\sim1:10$,如果采用光子晶体前沿技术进行补偿,理论上可以达到 $1:100$ 的补偿比率,实现色散的高效补偿。烽火通信科技股份有限公司在国家科技计划下研制出高负色散光子晶体光纤(见图 6-5)。该光纤测试的色散曲线如图 6-6 所示,其峰值波长为 1570 nm,峰值负色散为 -666.2 ps/(nm·km),其补偿带宽为 40 nm,可见高负色散光子晶体光纤因其高的色散补偿效率,比 DCF 的色散补偿效率提高 2 倍以上。

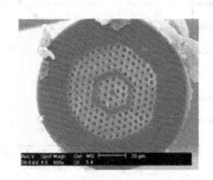

图 6-5 色散补偿型光子晶体光纤

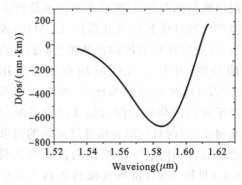

图 6-6 色散曲线

光子晶体光纤(PCF)对色散补偿有三个突出优点:第一,可以在很大的频率范围内支持光的单模传输;第二,允许随意改变纤芯面积和模场直径,以削弱或加强光纤的非线性效应;第三,可灵活设计色散和色散效率,提供宽带色散补偿。

6.4 掺稀土光纤

随着新型光电子器件的发展,掺稀土光纤的应用越来越广泛。掺稀土光纤主要包括掺镱光纤、掺铒光纤、掺铥光纤等,烽火通信科技股份有限公司的高性能掺稀土光纤成功获得"国家重点新产品"称号,打破了国外对我国高功率双包层掺稀土光纤的技术封锁。

烽火通信科技股份有限公司采用自主知识产权的专利技术,实现了稀土离子掺杂技术突破,镱离子浓度迅速突破 13000×10^{-6}(见图 6-7),双包层掺镱光纤的纤芯直径迅速突破

$100\ \mu m$ 的技术关隘,达到 $115\ \mu m$(见图6-8)。

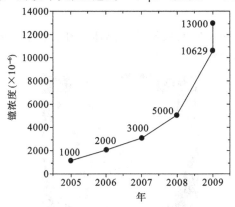

图6-7 镱离子浓度增长线路图

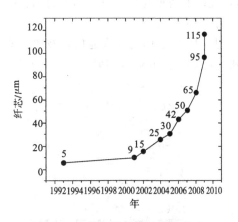

图6-8 大模场纤芯直径增长轨迹

目前,烽火通信科技股份有限公司的单根掺镱光纤成功实现1640 W的1080 nm的激光功率输出(见图6-9),这是国内特种光纤的首次技术突破,达到了当前国际先进水平,促进了我国国防科学技术的进步。

在开发掺镱光纤的同时,烽火通信科技股份有限公司也开发出双包层掺铥光纤,获得了150 W的中红外激光输出(见图6-10)。烽火通信科技股份有限公司制造的掺铒光纤、铒镱双包层光纤、掺铥光纤都成功实现了商用化,促进了国内掺铒光纤放大器、光纤激光器等新型光纤器件的发展,为我国新型光电子器件的发展奠定基础。

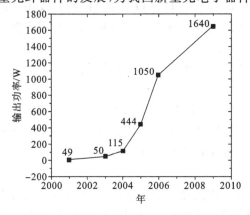

图6-9 国产双包层掺镱光纤输出功率发展轨迹

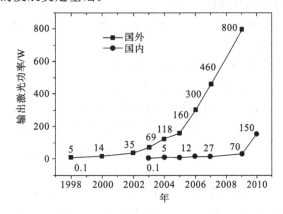

图6-10 国内、外双包层掺铥光纤激光器功率进展

常规的双包层掺镱光纤在维持较好的单模特性时,其纤芯数值孔径达到0.03,理论单模模场直径的极限为25 μm,但还远远不能满足高功率光纤激光器大功率高光束的质量和高亮度的需求。光子晶体光纤技术的出现为双包层掺稀土光纤及新型光纤激光器提供了新的技术途径。采用空气与石英的复合材料结构,形成二维的三角形晶格点阵,当空气孔直径 d 与晶格常数 Λ 的比例小于0.42时,光波电磁场维持单模工作模式。国外已经开发出纤芯直径达到80 μm 的双包层掺镱光纤,具备良好的单模特性。同时,外包层采用大空气孔取代常规的低折射率涂料极大地提高了内包层的数值孔径,并增强了其耐热性。

图6-11所示的为烽火通信科技股份有限公司研制的双包层掺镱光子晶体光纤,经过测

试,该光纤的桥壁宽度为 $0.32~\mu m$,内包层数值孔径为 0.65,纤芯数值孔径为 0.06,有效模场面积为 $1~465.7~\mu m^2$。

图 6-12 所示的为烽火通信科技股份有限公司研制的掺铒光子晶体光纤,该光纤较常规掺铒光纤具有更好的抗辐射特性,以及较好的增益特性。

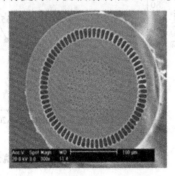 

图 6-11　双包层掺镱光子晶体光纤　　　　图 6-12　掺铒光子晶体光纤

6.5　抗弯曲光纤

接入网中,业界对在密集居住区(MDU)里部署光纤入户(FTTH)应用时光纤/光缆的弯曲特性的兴趣在持续升温,追求光纤安装像铜缆安装一样简单、迅速,同时保持良好的传输性能与可靠性一直是业界的梦想。在高密集居住区部署 FTTH 可以大幅度降低每线用户的安装成本,并可以快速接通大量用户。因此,对于高密度居住区的案例分析比单个用户更具备代表性。

明确了对光纤安装的新要求,ITU-T 颁布了抗弯区光纤 G657 标准,规范与定义了两类具有不同弯曲性能的单模光纤。

G657A 规范定义的抗弯光纤为"弯曲提高"光纤。此类光纤被要求必须与 G652D 规范的标准兼容。为平衡兼容性与抗弯性能,此类光纤的弯曲半径最小为 10 mm。这种光纤的推出使得 FTTH 相关硬件的端口密度大幅度提高,也使得本地汇聚点机柜的尺寸与重量减少 40%～75%。

G657B 规范定义的抗弯光纤为"弯曲冗余"光纤。此类光纤不要求与 G652D 规范的标准兼容,因此可以将最小弯曲半径降低到 7.5 mm。但是,这种牺牲兼容性的做法所带来的抗弯性能提高还不能达到像安装铜缆那样快速、简单与灵活,且这种提高给硬件设备带来额外的好处也较有限。

光纤的模场直径和截止波长对光纤的损耗起主要作用。损耗(MAC)值可以衡量光纤的弯曲性能,其中

$$MAC = \frac{MFD}{\lambda_c}$$

式中:MFD——模场直径;

　　λ_c——截止波长。

MAC 越小,则光纤的弯曲性能越好,显然,降低模场直径,增大截止波长能达到降低

MAC 的目的。

模场直径如果过小,在它与常规单模光纤熔接时会带来较大的熔接损耗。此外,考虑到 FTTH 的特点,希望能使用全波段进行传输。光缆截止波长必须小于 1260 nm,因此光纤的截止波长增大的空间非常有限。所以需要在模场直径和截止波长两个参数上做出平衡,以满足实际使用需要。

压缩型(下陷)包层和壕沟型包层的光纤结构(分别见图 6-13 和图 6-14),能改善光纤的弯曲敏感性,在实际生产中可以根据需要调整光纤结构来优化光纤参数,使光纤具有弯曲不敏感性。

图 6-13　下陷包层光纤折射率分布图

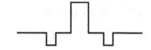

图 6-14　壕沟型包层光纤折射率分布图

压缩型包层光纤,在包层靠近芯层的圆环形区域内渗入一定物质(通常是氟)以降低相对于芯层的折射率。

壕沟型包层光纤与压缩型包层光纤类似,使用围绕芯层多圈的不同成分的包层结构以降低相对于纤芯的折射率。

上述设计都是对于标准光纤的改进,而对于光纤抗弯特性的改进相对有限。

还有一些全新的光纤设计,如空洞光纤(HAF)和光子带隙光纤(PBGF)。这些光纤和前面提到的基于传统光纤改进的抗弯光纤有着完全不同的光导结构设计。尽管空洞光纤(HAF)和光子带隙光纤(PBGF)可以提供很高的抗弯能力,但是要想大量生产较长的成品花费极高,而且它们很难熔接,与传统光纤不兼容。新发明的具有突破性的一种基于纳米结构技术的光纤可以把弯曲半径降低到 5 mm,同时保持与普通光纤在安装过程的兼容性。

纳米光纤技术使得成缆后的光纤有极高的弯曲能力,且基本无信号损失。它还同时与 G652D 光纤标准及传统的标准产品保持良好的兼容性。它优良的弯曲特性使得网络设计者无需再为弯曲引入的损耗担心。从早期的试用者得到的反馈来看,只要严格按照标准的安装程序,现场安装与测试纳米光纤对其影响是非常微小的。而且安装者可以把纳米抗弯光纤真正当做铜缆来对待,且同时满足现在与未来对带宽的需求。

6.6　抗辐射光纤

随着光纤通信技术的迅猛发展,光纤的应用范围越来越广泛。近年来,光纤不仅大量应用于常规通信领域,同时也被应用到传感、测量、控制、数据采集等其他高科技领域,尤其是一些存在高能辐射的特殊环境,如核爆炸诊断技术、核反应堆放射源的内部监测、海底通信及航天技术等方面。这些环境下的辐射(包括 x 射线、y 射线及中子辐射等)会在一定程度上引起光纤的辐射损伤,从而导致光纤对信号的传输能力降低,综合性能下降,严重时会直接影响到光纤使用过程中的安全性与可靠性。因此,研究光纤在各种辐射环境下的特性,设法改善与提高光纤的抗辐射性能就显得极其重要。

国外对光纤抗辐射性能研究开展得较早,从 20 世纪 70 年代开始,就有研究机构开始对光纤的辐射损伤进行研究,而且近年来相关研究仍在不断深入。国内在这方面的研究相对起步较晚,且开展此类研究的机构不多。通过国内外近 30 年来的研究,人们对辐射试验方法、光纤的辐照效应以及抗辐射光纤的设计等找到了一些规律。但由于实验条件的差异,不同实验室甚至得出了相互矛盾的结论。因此,对抗辐射光纤的研究仍需要进一步深入。本文从辐射类型、辐射条件、常见掺杂对光纤抗辐射性能的影响等几个方面对光纤抗辐射性能研究情况进行了归纳总结,并提出了的几点建议,旨在为该领域深入研究提供一定参考,同时为研制具有优良抗辐射性能的光纤提供理论依据。

1. 辐射源类型及辐射损伤

几种常见的高能辐射分类见表 6-5。其中,高能电磁辐射及中子(尤其是快中子)辐射有较大的穿透能力,一般可达几厘米;而 α 粒子及氚核等粒子束的辐射穿透深度仅能达到微米至毫米范围,只引起材料表面缺陷。

表 6-5   高能辐射类型

类 型		符 号	电荷/C	质量/($\times 10^{-27}$ g)
高能电磁辐射(光子)	γ 射线	γ	0	0
	x 射线	X	0	0
核子	质子	P	+1	1836.12
	中子	n	0	1838.65
其他带电粒子束	α 粒子	α	+2	7294
	氚核	t	+1	5497

对光纤的抗辐射性能研究多数是在前两种辐射环境下进行的。高能辐射容易引起玻璃中电子或原子核的移位及结构改变。所谓电子的移位,是指偏离原来的运动轨道,如由于辐射引起断键,电子被邻近的杂质原子或缺陷心所俘获。原子核的移位是指它偏离了原来的平衡位置,从而在格点上留下空位(肖特基缺陷)或形成空位-间隙原子(弗伦克尔缺陷)等。具体而言,高能辐射能使石英光纤发生物理和化学变化(如变硬、变脆、变色等),在石英光纤纤芯内产生各种缺陷,从而使光纤传输性能恶化,主要表现为:小剂量辐射会让光纤形成色心,在可见光波段损耗迅速增加,甚至激发荧光;中等剂量的辐射会引起光纤内部密度的变化及相应折射率变化,使光纤折射率分布改变,影响其传输性能及带宽;高剂量辐射会使有机包层变质,使包层界面损耗增加,同时可能导致光纤机械性能下降。辐射还会引起纤芯玻璃键结构的变化,使光纤的红外吸收性能发生变化。

2. 光纤辐射损伤与辐射条件的关系

影响光纤辐射特性的辐射环境因素主要有剂量率、总剂量、辐射温度等。这里,辐射条件是指辐射剂量率和总剂量。通常情况下,对于中等偏低剂量率水平而言,辐射损耗随总剂量的增加而线性增加,但趋势缓慢;而在较高剂量率下,随着总剂量的增加,辐射损耗则以较快速率增长。因为在这种情况下,光纤中缺陷中心形成速度更快,并在大范围内运动,缺陷的恢复期则需要足够长的时间,以形成更多的吸收带。对于相同总剂量条件下,石英光纤在低剂量率情况下的抗辐射特性要优于高剂量率的情况,这主要是由于两种情况下辐照后的恢复效应存在差别造成的。

国内相关机构采用钴 60(Co60)射线源,辐射剂量率控制在 $50\sim3\times10^4$ rad/min 的条件下,对三种光纤进行了抗辐射性能研究。通过大量实验证实:当辐射剂量小于 200 rad 时,辐射损耗与剂量呈线性关系;在 $200\sim10^5$ rad 之间的中等辐射剂量下,两者之间的关系呈幂指数规律;当剂量大于 10^5 rad 时,辐射损耗的变化随辐射剂量的增加趋于平缓。

目前国内生产抗辐射光纤厂家,如上海瀚宇,其生产的高性能抗辐射光纤产品主要适用于军事、航天、传感和工业领域。在有辐射威胁的恶劣环境下,光纤需要特别的处理和保护以保证高性能的信号传输。2005 年推出的抗辐射光纤在 Gamma 射线的辐射下具有良好的性能表现,如最低的衰减变化、快速的信号恢复能力、高的传输信号带宽等。

上海瀚宇光纤通信技术有限公司推出了系列抗辐射光纤产品,可以涵盖各种传输及传感应用领域,产品系列包括:抗辐射单模光纤 9/125/250、标准涂覆层抗辐射单模光纤 9/125/500、500 μm 涂覆层恶劣环境抗辐射单模光纤、抗辐射多模光纤(GI 型)50/125/250、标准涂敷层抗辐射多模光纤 50/125/500、500 μm 涂敷层恶劣环境抗辐射多模光纤 62.5/125/250、标准涂覆层抗辐射多模光纤 62.5/125/500。

6.7　能量传输光纤

能量光电子与信息光电子是光电子领域的一对孪生姊妹,信息光电子是利用光子作为信息的载体,而能量光电子是利用光子作为能量的载体。其实,自 1960 年美国休斯实验室采用能量光电子技术研制出世界第一台红宝石激光器之后,相继研制开发了半导体激光器、CO_2 激光器、YAG 激光器和高功率 CO_2 激光器。特别是高功率激光器的研制成功,使激光加工技术在工业、农业、医疗、军事、科学研究及生活等领域的应用和相关行业的发展发挥了重大作用。

随着能量光电子技术的不断进步,各种新型高功率激光器和激光加工设备不断涌现,激光设备采用光纤输出激光的方式已经取代传统输出方式。光纤输出激光的方式具有传输损耗小,操作简单方便,可以任意伸展待加工部位等优点,大大地简化并缩小了现代激光设备,已经广泛地应用于材料表面热处理、激光焊接、激光切割、激光医疗、激光美容、激光制导等领域。

目前,国内激光设备制造商采用的能量光纤主要依靠进口,主要原因有四个:一是国内的能量光纤的激光损伤阈值较低;二是光纤的光透过率较国外低;三是国内机械加工精度不够,所生产的 SMA905 连接头的同轴度差,不能够满足医疗激光即插即用的需求;四是光纤端面处理技术较为落后。随着能量光电子产业的飞速发展和不断壮大,该行业对能量传输光纤及其套件的需求会越来越大。

烽火通信科技股份有限公司采用自主知识产权的 PCVD 工艺技术,成功开发出大功率高损伤阈值能量传输光纤,损伤阈值达到 3.5 GW/cm^2,单根光纤承受激光功率突破 1 kW。烽火通信科技股份有限公司生产的能量光纤及光纤铠装跳线产品不仅应用在激光器的能量传输,而且还应用在太阳能光伏产业,以及国防激光技术等领域。

6.8　光子晶体光纤

烽火通信科技股份有限公司是国内生产光纤和光设备的龙头企业,该公司在十一五国家重点基础研究发展计划 973 项目"微结构光纤结构设计及制备工艺的创新与基础研究"(2003CB314905)、高新技术产业化项目"863"计划"光子晶体光纤及器件的研制与开发"(2007AA03Z447)、973 计划项目"微结构光纤的创新设计、精确制备及其标准化"(2010CB327606)的支撑下,从微结构光纤设计、制备技术和应用技术等多方面进行了系统深入的研究,取得了重大的科研成果。烽火通信科技股份有限公司已经初步掌握微结构光纤(光子晶体光纤)的工艺技术与设备控制技术,以及拥有自主知识产权的专利技术,先后制造出如图 6-15~图 6-20 所示的光子晶体光纤,包括高非线性光子晶体光纤、色散平坦高非线性光子晶体光纤、FTTH 应用微结构光纤、大模场单模光子晶体光纤、空心 PBG 型光子晶体光纤、全固态 PBG 型光子晶体光纤,以及双包层掺镱光子晶体光纤、掺铒光子晶体光纤等。

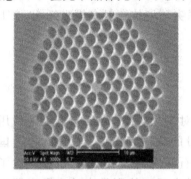

图 6-15　高非线性光子晶体光纤

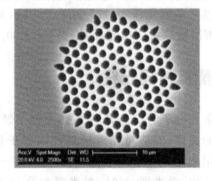

图 6-16　色散平坦高非线性光子晶体光纤

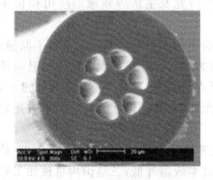

图 6-17　FTTH 应用微结构光纤

图 6-18　大模场单模光子晶体光纤

烽火通信科技股份有限公司将上述光子晶体光纤提供给清华大学、北京邮电大学、天津大学、南开大学、燕山大学、深圳大学、国防科技大学进行基础应用研究:清华大学采用该公司提供的高非线性光子晶体光纤实现了慢光,以及 0.5 脉冲当量的光减速;天津大学采用该公司提供的高非线性光子晶体光纤实现 400~1400 nm 两倍频程的超连续光谱;北京邮电大学利用该公司提供的高非线性光子晶体光纤实现了波长变换器件的研制;南开大学采用该公司提供的柚子型光敏微结构光纤,实现了多参量传感新型光纤光栅的刻写等,这些成果达到了国际先进水平。

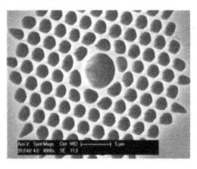

图 6-19　空心 PBG 型光子晶体光纤

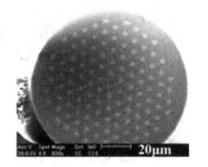

图 6-20　全固态 PBG 型光子晶体光纤

6.9　思考题

6-1　简述大芯径特种光纤的技术指标。

6-2　简述掺杂光纤的特点。

6-3　抗辐射多模特种光纤为何能抗辐射？

6-4　高性能传能光纤的特点与功用。

6-5　色散补偿光纤能够色散补偿的机理是什么？

6-6　抗弯曲光纤可以应用于哪些场合？

6-7　保偏光纤是如何控制单模光纤内线偏振光的偏振态的？

6-8　空心光子晶体光纤和双包层光子晶体光纤的导光机理是什么？

6-9　光子晶体光纤的主要用途有哪些？

第7章 光纤技术的应用

```
◆ 本章重点
  ¤ 光纤在通信技术中的应用
  ¤ 光纤在照明技术中的应用
  ¤ 光纤在传感技术中的应用
```

随着技术的发展,新材料的不断涌现,工艺水平的日益提高和成熟,光纤的应用范围也日益广范,目前已形成光纤产业。光纤主要应用于光纤通信、光纤传感和照明。

7.1 通信用光纤

光纤在各种光网络中的实际应用决定了对光纤技术性能的要求。对于短距离光传输网络,考虑的重点是适合激光传输和模式带宽更宽的多模光纤,以支持更大的串行信号信息的传输容量。

对于长距离海底光缆传输系统而言,为了减少价格昂贵的光纤放大器数量应重点考虑采用具有大模场直径和负色散的光纤以增大传输距离。

对于陆上长距离传输系统而言,考虑的重点是能够传输更多的波长,而且每个波长都尽可能以高速率进行传输,同时还要解决光纤的色散问题,即使光纤的色散值随波长的变化达到最小值。

对于局域网和环形馈线而言,由于传输的距离相对比较短,考虑的重点是光网络成本而不是传输成本。也就是说,要解决好光纤传输系统中上/下路的分/插复用问题的同时,还必须把插/分波长的成本降至最低。

7.1.1 传输用光纤

光纤技术在传输系统中的应用,首先是通过各种不同的光网络来实现的。截至目前,建设的各种光纤传输网的拓扑结构基本上可以分为三类:星形、总线形和环形。而进一步从网络的分层模型来说,又可以把网络从上到下分成若干层,每一层又可以分为若干个子网。也就是说,由各个交换中心及其传输系统构成的网还可以继续划分为若干个更小的子网,以便使整个数字网能有效地提供通信服务,全数字化的综合业务数字网(ISDN)是通信网的总目标。ADSL 和 CATV 的普及、城域接入系统容量的不断增加,以及干线骨干网的扩容都需要不同类型的光纤担当起传输的重任。

7.1.2 色散补偿光纤(DCF)

光纤色散可以使脉冲展宽,而导致误码。这是在通信网中必须避免的一个问题,也是长距离传输系统中需要解决的一个课题。一般来说,光纤色散包括材料色散和波导色散两部分,材料色散取决于制造光纤的二氧化硅母料和掺杂剂的分散性,而波导色散通常是一种模式的有效折射率随波长而改变的倾向。色散补偿光纤是在传输系统中用来解决色散管理的一种技术。

非色散位移光纤(USF)以正的材料色散为主,它与小的波导色散合并以后,在 1310 nm 附近产生零色散。而色散位移光纤(DSF)和非零色散位移光纤(NZDSF)都是采用技术手段后,故意把光纤的折射率分布设计为可产生与材料色散相比的波导色散,使材料色散和波导色散相加后,DSF 的零色散波长就移到了 1550 nm 附近。1550 nm 波长是当前通信网络中应用最多的一个波长。在海底光缆传输系统中,则是通过把两种分别具有正色散和负色散的光纤相互结合来组成传输系统进行色散管理的。随着传输系统的距离增长和容量的增加,大量的 WDM 和 DWDM 系统已投入使用。在这些系统中,为了进行色散补偿又研制出了可在 C 波段和 L 波段上工作的双包层和三包层折射率分布的 DCF。在 C 波段上可进行色散补偿的 SMF 的色散值为 6065 ps/(nm·km),其有效面积达到 2328 m²,损耗为 $0.225 \sim 0.265$ dB/km。

7.1.3 放大用光纤

在石英光纤的纤芯内掺杂稀土元素可以制成放大光纤,如掺铒放大光纤(EDF)、掺铥放大光纤(TOF)等。放大光纤与传统的石英光纤具有良好的整合性能,同时还具有高输出、带宽宽、低噪声等优点。用放大光纤制成的光纤放大器(如 EDFA)是当今传输系统中应用最广的关键器件。EDF 的放大带宽已从 C 波段(1530～1560 nm)扩大到了 L 波段(1570～1610 nm),放大带宽达 80 nm。最新研究成果表明,EDF 也可在 S 波段(1460～1530 nm)进行光放大,且已制造出感应喇曼光纤放大器,在 S 波段上进行放大。

对于 C 波段(1530～1560 nm)放大光纤,在高输出领域已研发出了双包层光纤。其中第一包层多模传输泵浦光,在纤芯单模包层传输信号光并掺杂镱(Yb)作为感光剂,以增大吸收系数。

在解决光纤的非线性方面,采用掺杂 Yb 或 La(镧)等稀土元素制作出 EYDF 光纤。这种光纤几乎无 FWM 发生。这是因为 Yb 离子与 Er 离子集结后增大了 Er 离子间的距离,解决了由于 Er 离子过度集中集结而引起的浓度消光,同时也增加了 Er 离子掺杂量,提高了增益系数,从而降低了非线性。

对于 L 波段(1570～1610 nm)放大光纤,已报道日本住友电工采用 C 波段短尺寸 EDF 研发出 L 波段的 EDF,成功制作出适合 40 Gb/s 高速率传输,总色散为零的 L 波段三级结构光纤放大器。该放大器第一段为具有负色散的常规 EDF,而第二、三段波长色散值为正值的短尺寸 EDF。

对于 S 波段(1460～1530 nm)放大光纤,日本 NEC 公司采用双波长泵浦 GS-TDFA 进行了 10.92 Tb/s 的长距离传输试验,利用 1440 nm 和 1560 nm 双波长激光器(LD)实现了

29%的转换率；NTT 采用单波和 1440 nm 双通道泵浦激光器实现了 42%的转换率(掺铒浓度为 6000×10^{-6})；阿尔卡特公司采用 1240 nm 和 1400 nm 多波喇曼激光器实现了 48%的转换率，同时利用 800 nm 钛蓝宝石激光器和 1400 nm 多级喇曼激光器双波长泵浦实现了 50%的转换率。最新报道日本旭硝公司又提出了以铋(Bi)族氧化物玻璃为基质材料的 S 波段泵浦放大方案。简而言之，需要解决的主要技术课题是如何降低声子能量成分的掺杂量和提高量子效率问题。

7.1.4 超连续波(SC)发生用光纤

超连续波是强光脉冲在透明介质中传输时光谱超宽带现象，作为新一代多载波光源受到业界广泛关注。从 1970 年 Alfano 和 Shapiro 在大容量玻璃中观察到的超宽带光发生以来，已先后在光纤、半导体材料、水等多种物质中观察到超宽带光的发生。

采用单模光纤的 SC 光源就是应用上述超宽带光谱光源方法进行解决技术课题的一个有效手段。

1997 年，日本 NTT 公司研发成功双包层和四包层折射率分布结构，芯径沿长度方向(纵向)呈现锥形分布，具有凸型色散特性的光纤。2000 年又成功研发了采用 SC 光的保偏光纤(PM-SC 光纤)。

高非线性 SC 光纤大都采用光子晶体纤维和锥形组径纤芯纤维的高封闭结构，光子晶体纤维制造技术已取得了新的突破，今后的研究方向是低成本 SC 光纤制造技术，以及如何在下一代网络中具体应用。

7.1.5 光器件用光纤

随着大量光纤通信网络的建设和扩容，有源和无源器件的用量不断增大，其中应用最多的是光纤型器件，主要有光放大器、光耦合器、光分波器、光纤光栅(FG)、AWG 等。上述光器件必须具有低损耗、高可靠性，易于与通信光纤进行低损耗耦合和连接通信网络中。于是就研发生产出了 FG 用光纤和器件耦合用光纤(LP 用光纤)。

FG 是石英系光纤中的 GeO_2、B_2O_3、P_2O_5 等掺杂剂受紫外光照射或与 H_2 发生化学反应后，由于玻璃密度变化而引起折射率变化形成的。紫外线感应折射率的变化值因玻璃成分不同而不同，所以为了提高光敏特性，实现 FG 的长期温度稳定性，又研究了掺杂 Sn、Sb 等重金属以解决紫外线吸收问题。

现已开发研制出各种降低 FBG 损耗的光纤，如在波导结构多层膜中埋入光纤等。为进一步降低损耗，必须使包层和芯部的光敏特性尽量一致。当光敏特性变化量为 10%、折射率变化量为 1×10^{-3} 时，损耗值可小于 0.1 dB。

光器件用耦合光纤是随着 AWG 和 PLC 光器件性能不断提高而发展起来的，已开发出与 PLC 的 MFD 值相同的高 Δ 值光纤；通过热扩散膨胀法(TEC)使普通光纤、高 Δ 值光纤的 MFD 达到一致，这种新型光纤采用的 TEC 法可以使光纤的连接损耗由原来的 1.5 dB 降至目前的 0.1 dB 以下。

7.1.6 保偏光纤

保偏光纤最早是为用于相干光传输而被研发出来的光纤，此后用于光纤陀螺等光纤传感器技术领域。近几年来,由于 DWDM 传输系统中的波分复用数量的增加和高速化的发展,保偏光纤得到更加广泛的应用。目前应用最多的是熊猫光纤(PANDA)。

PANDA 光纤目前大量用做尾纤,在系统中与其他光纤器件连接为一体使用。

单模不可剥离光纤是一种即使去除光纤涂覆层以后仍有 NSP 聚酯层保留在光纤包层表面,以保护光纤的机械性能和高可靠性的新型光纤。

SM-NSP 光纤具有与常规 SM 光纤相同的外径、偏心量、尺寸精度。但是 SM-NSP 光纤具有的机械强度大大高于 SM,具有优良的可靠性。试验表明,无论是 SM-NSP 光纤相互连接还是把 SM-NSP 光纤与 SM 光纤连接,其连接特性、耐环境性能均良好,可广泛用于传输系统的光纤,是一种理想的新型配线光纤。

7.1.7　深紫外光传输用光纤(DUV)

目前,固体激光器和气体激光器研究的课题之一就是深紫外光领域(250 nm)的激光器振荡技术。在固体激光器领域,采用 CLBO($CsLiB_6O_{10}$)结晶的 Nd:YAG 激光器的四倍波(266 nm)、五倍波(213 nm);在气体激光器领域,采用 F2(157 nm),KY2(148 nm),Ar2(126 nm),而采用 ArF 的环氧树脂激光器的振高波长为 193 nm 等。

在半导体基片表面处理、在生物化学领域中对 DNA 的分析测试和化验、在医疗领域内对近视治疗等应用领域中,深紫外光都得到了极其广泛的应用。对能传输深紫外光的光纤开发工作也成为人们所关注的重大技术课题。

从 DUV 光纤的损耗光谱值可以看出,在波长为 200 nm 时,传输损耗发生急剧变化,而在 1240 nm 和 1380 nm 处出现两个峰值,这是由 OH^- 的伸缩振动引起的吸收造成的。

相同的预制棒在拉丝过程中因拉丝条件不同,损耗光谱值也不同,DUV 拉制过程中,当拉丝速度为 0.5 m/min,炉温为 1780 ℃时,光纤损耗值最小,使用波长为 193 nm 的 ArF 激光源时,最小透过率约为 60%/m。光纤的损耗是随拉丝速度加快、炉温升高而增加的,在220 nm 波长处吸收增加,这种增加值是由于拉丝工艺缺陷造成的。

7.2　照明用导光光纤

除了通信方面的应用之外,光纤也能应用在照明领域。光纤照明是近年来兴起的高科技照明技术,透过光纤导体的传输,可以将光源传导到任意的区域里,而这也是光纤最特殊的地方。

7.2.1　照明用导光光纤的特征

光纤是光导纤维的简称,在十余年前光纤的应用已步入成熟的阶段,在高速传输的通信领域里得到广泛应用。而早期光纤应用最普及的是由光纤导管所制成的饰品。光纤的构造可以简略分为三个部分,分别是纤芯、包层和涂覆层。

光纤本身的导体主要是由玻璃材料(SiO_2)抽丝而制成的,它的传输是利用光经由高折射率的介质,以高于临界角的角度进入低折射率介质时会产生全反射的原理,让光在这个介质里能够维持光波特性来进行传输的。

其中高折射率的纤芯部分是光传输的主要通道,而低折射率的包层部分包覆住整个纤芯。由于纤芯的折射率比包层高出很多,所以会产生全反射,光也因此可以在核心里传输。

涂覆层主要是为了保护外壳和核心不易损坏,同时也可以增加光纤的强度。

照明用导光光纤可应用于室内装饰装潢,以及在某些区域形成特殊光彩,形成鲜明的视觉效果。图 7-1 所示的是室内光纤照明装饰装潢照片。

光纤在照明领域的应用分成两种:一种是端点发光;另一种是体发光。端点发光的部分主要是由两种组件所组成:投射主机和光纤。投射主机包含光源、反射罩和滤色片。反射罩的主要的目的在于增加光照的强度,而滤色片则可以进行色彩的演变,变换出不同的效果。体发光是指光纤本身就是发光体,会形成一个柔性的光条。

图 7-2 所示的是展列柜中物品采用导光光纤照明拍摄出的照片。

图 7-1　室内光纤照明装饰装潢照片　　　　　　　图 7-2　光影效果

照明领域里大多采用塑料光纤。在不同光纤的材质里,塑料光纤的制作成本最便宜,与石英光纤相比,往往只有其十分之一的制作成本。而因为塑料材质本身的特性,不论在后加工或是产品本身的可变化性来说,都是所有光纤材质里最佳的选择。因此,照明所使用的光纤就选择塑料光纤作为传导介质。

那么光纤照明的特点是什么呢? 相对于传统的照明设备来说,为什么要选择光纤照明? 光纤照明有以下几点特性。

(1)单一的光源可以同时拥有多个发光特性相同的发光点,利于使用在一个较广区域的配置上。

(2)光源易于更换,也易于维修。前面提到光纤照明使用了两个组件:投射主机和光纤,其中光纤的使用寿命可长达 20 年,而投射主机可分离,因此易于更换与维修。

（3）投射主机（见图 7-3）与真正的发光点是透过光纤来传输的，因此投射主机可以放置在安全的位置，以防止被破坏。

（4）发光点的光是经由光纤传导的，因此发射出来的光无紫外线和红外线光，这种特性可以减少对物品的伤害。

（5）发光点小型化、重量轻，易于更换与安装，它可以制作成很小的尺寸，放置在不同的容器或设计空间里，可以营造出与众不同的装饰照明效果。

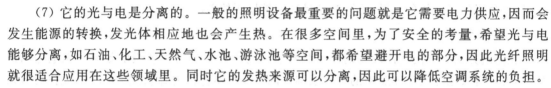

图 7-3　投射主机与塑料光纤

（6）它不受电磁的干扰，可以应用在核磁共振室、雷达控制室等有电磁屏蔽要求的特殊场所里，而这一点是其他照明设备所无法达成的特性。

（7）它的光与电是分离的。一般的照明设备最重要的问题就是它需要电力供应，因而会发生能源的转换，发光体相应地也会产生热。在很多空间里，为了安全的考量，希望光与电能够分离，如石油、化工、天然气、水池、游泳池等空间，都希望避开电的部分，因此光纤照明就很适合应用在这些领域里。同时它的发热来源可以分离，因此可以降低空调系统的负担。

（8）光线可以柔性传播。一般的照明设备都具有光的直线特性，因此要改变光的方向，就得利用不同的屏蔽设计。而光纤照明是因为使用光纤来进行光的传导，所以它具有轻易改变照射方向的特性，能满足设计师特殊设计的需求。

（9）它可以自动变换光色。透过滤色片，投射主机可以轻易地改变光源的颜色，让光的颜色多样化，这也是光纤照明的特色之一。

（10）塑料光纤的材质柔软易折而不易碎，可以轻易地加工成各种不同的图案。

光纤照明的一个应用实例如图 7-4 所示。

图 7-4　音乐喷泉

7.2.2　照明用导光光纤的应用环境

因为光纤照明具有上述特性，所以在设计上更加灵活，有助于设计师实践其设计概念。目前光纤照明的应用环境越来越普及，下面将它归类为六个区域。

1. 室内照明

光纤照明在室内的应用是最普及的，目前常见的应用有天花板的星空效果，像知名的 Swarovski 就利用水晶与光纤的结合，发展了一套独特的星空照明产品。除了天花板的星空照明外,也有设计师利用光纤的体发光来做室内空间的设计,利用光纤柔性照明的效果,可以轻易地营造出光的帷幕,或其他特殊的场景。

2. 水景照明

由于光纤有亲水的特性,再加上它的光电分离,所以在水景的照明方面,可以轻易地营造出设计师想要的效果,而另一方面它也没有电击的问题,比较安全。除此之外,应用光纤本身的结构,也可以与水池相互搭配,让光纤本体也成为水景的一部分,这是其他照明设计不易达成的效果。

3. 泳池照明

泳池的照明或现在流行的 SPA 场合的照明,应用光纤照明是最佳选择,如图 7-5 所示。因为这是人体活动的场所,安全性的考量远高于其他室内场所,因此光纤本身的光电分离特性,以及色彩的多样颜色效果,可同时满足这一类场所的需求。

4. 建筑照明

在建筑方面大多使用体发光的光纤照明来达到凸显建筑物轮廓线的效果。光电分离的特性,可以有效地降低整体照明的维护成本。因为光纤本体的寿命长达 20 年,而光投射机设计在内部的配电箱里,维护人员可以轻易地进行光源的更换。而传统的照明设备,若设计的位置较为特殊,往往要动用许多机器才能进行维护,成本远高于光纤照明。

5. 古建筑与文物照明

一般而言,古文物或古建筑都容易因为紫外光与热而加速老化,而光纤照明没有紫外线与热的问题,因此很适合这类场所的照明,如图 7-6 所示。除此之外,现在最普遍的应用是钻石珠宝或水晶饰品的商业照明。在这类商业照明的设计上,大多都是采取重点照明的方式,透过重点照明来凸显商品本身的特性。因此,利用光纤照明一方面没有热的问题,同时又能满足重点照明的需求,所以光纤照明广泛地应用在这类商业空间中。

图 7-5　泳池照明

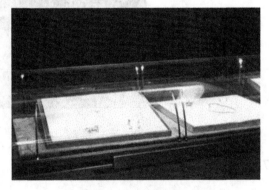
图 7-6　文物照明

6. 易燃易爆场合照明

在油库、矿区、化工厂等严禁火种入内的危险场合中,其他照明设备都有明火的危险,而光纤照明正好可以解决此问题。而在医疗或特殊实验环境里,以及有电磁屏蔽问题的场所,光纤照明也得到广泛使用。

7.3 光纤传感器

光纤传感器的基本工作原理是将来自光源的光经过光纤送入调制器,使待测参数与进入调制区的光相互作用后,导致光的光学性质(如光的强度、波长、频率、相位、偏振态等)发生变化,称为被调制的信号光,再经过光纤送入光探测器,经解调后,获得被测参数。

7.3.1 概述

近年来,传感器朝着灵敏、精确、适应性强、小巧和智能化的方向发展。光纤具有很多优异的性能,例如,抗电磁干扰和原子辐射的性能,径细、质软、重量轻的机械性能;绝缘、无感应的电气性能,耐水、耐高温、耐腐蚀的化学性能等,它能够在人达不到的地方(如高温区),或者对人有害的地区(如核辐射区),起到人的耳目的作用,而且还能超越人的生理界限,接收人的感官所感受不到的外界信息。因此,在传感器的发展过程中,光纤传感器备受青睐。

光纤传感器的优点如下:

(1) 灵敏度较高;

(2) 几何形状具有多方面的适应性,可以制成任意形状的光纤传感器;

(3) 可以制造传感各种不同物理信息(如声、磁、温度、旋转等)的器件;

(4) 可以用于高压、电气噪声、高温、腐蚀或其他恶劣环境;

(5) 具有与光纤遥测技术的内在相容性。

光纤传感器应用于绝缘子污秽、磁、声、压力、温度、加速度、位移、液面、转矩、光声、电流和应变等物理量的测量。

7.3.2 光纤传感器的分类

光纤传感器是最近几年出现的新技术,可以用来测量多种物理量,如声场、电场、压力、温度、角速度、加速度等,还可以完成现有测量技术难以完成的测量任务。在狭小的空间里,在强电磁干扰和高电压的环境里,光纤传感器能显示出其独特的能力。目前市面上有 70 多种光纤传感器,大致分成功能型传感器和非功能型传感器。

1. 功能型传感器

功能型传感器是利用光纤本身的特性把光纤作为敏感元件,被测量对光纤内传输的光进行调制,使传输的光的强度、相位、频率或偏振态等特性发生变化,再通过对被调制过的信号进行解调,从而得出被测信号。

光纤在其中不仅是导光媒介,而且也是敏感元件,光在光纤内受被测量调制,多采用多模光纤。

外接的被测量能够引起测量臂的长度、折射率、直径的变化,从而使得在光纤内传输的光在振幅、相位、频率、偏振等方面发生变化。测量臂传输的光与参考臂的参考光互相干涉(比较),使输出的光的相位(或振幅)发生变化,根据这个变化可检测出被测量的变化。光纤中传输的相位受外界影响的灵敏度很高,利用干涉技术能够检测出 10^{-4} rad 的微小相位变化所对应的物理量。利用光纤的绕性和低损耗,能够将很长的光纤盘成直径很小的光纤圈,以增加利用长度，获得更高的灵敏度。

例如，光纤声传感器就是一种利用光纤自身的传感器。当光纤受到一点很微小的外力作用时，就会产生微弯曲，而其传光能力也会发生很大的变化。声音是一种机械波，它对光纤的作用就是使光纤受力并产生弯曲，通过弯曲就能够测量声音的强弱。光纤陀螺也是光纤自身传感器的一种，与激光陀螺相比，光纤陀螺灵敏度高、体积小、成本低，可用于飞机、舰船、导弹等高性能惯性导航系统。

其优点是：结构紧凑、灵敏度高。

其缺点是：须用特殊光纤，成本高。

其典型例子是：光纤陀螺、光纤水听器等。

2. 非功能型传感器

非功能型传感器是利用其他敏感元件感受被测量的变化，光纤仅作为信息的传输介质，常采用单模光纤。

光纤在其中仅起导光作用，光照在光纤型敏感元件上受被测量调制。

其优点是：无需特殊光纤及其他特殊技术；比较容易实现，成本低。

其缺点是：灵敏度较低。

实用化的大都是非功能型的光纤传感器。

光纤传感器的另外一个大类是利用光纤的传统传感器。其结构大致如下：传感器位于光纤端部，光纤只是光的传输线，将被测量的物理量变换成为光的振幅、相位或振幅的变化。在这种传感器系统中，传统的传感器和光纤相结合。光纤的导入为实现探针化的遥测提供了可能性。这种利用光纤传输的传感器适用范围广，使用简便，但是精度稍低。

光纤传感器凭借着其大量的优点已经成为传感器家族的后起之秀，并且在各种不同的测量中发挥着自己独到的作用，成为传感器家族中不可缺少的一员。

7.4 思考题

7-1 通信用光纤有何特点？

7-2 照明用光纤主要应用于哪些场合？

7-3 光纤应用于传感领域有哪些优势？简要介绍两大类型的光纤传感器。

第8章 光缆的结构和特性

◆ 本章重点

¤ 光缆的基本构件

¤ 光缆的分类方式

¤ 典型结构的光缆及其特点

¤ 光缆型号和命名方式

8.1 光缆的基本构件

光缆的基本构件如下。

(1) 强度元件:强度元件(加强芯)是光缆最重要的构件,它从机械上保证了光纤的安全,决定了光缆可以承受拉伸负荷的能力,装入加强芯,可以增强光缆的抗张强度,从而在光缆敷设中避免光纤断裂的可能性。

(2) 金属导体:在要求通过光缆向远方中继器供电时,可在光缆中装入铜或铝金属导线。由于导线的存在会带来短路事故的危险,同时也增加了光缆重量,因此在一般情形下宁愿采用其他供电方式,而避免在光缆中加装导线。

(3) 填充物与缓冲层:在多单元缆芯(由光纤和强度元件构成)组合光缆中,在各缆芯组合体之间通常要加入由聚氯乙烯(PVC)、聚乙烯和聚丙烯等制成的填充物(一般为圆柱形填充线),起固定各单元位置的作用。缓冲层则是用于保护缆芯免受径向挤压,通常采用塑料尼龙带沿轴向螺旋式绕包缆芯的方式。

(4) 内护套:多用于强度元件沿光缆边缘排放的光缆中,在置于光缆中心的缆芯外套上一层聚酯薄膜或其他材料制成的护套,一方面可将缆芯组合体捆扎成一个整体,另一方面也可起隔热与缓冲的作用。

(5) 防水层:在海底光缆以及其他一些特殊应用场合,必须在光缆中加装防水防潮层,以避免潮湿环境对光缆的传输特性和机械性能的影响,延长光缆使用寿命。

(6) 铠装:在光缆直埋时,为确保光缆不受径向压力损害,有必要在光缆外加装金属护套或用刚质材料加固,这就是对光缆进行铠装。

(7) 外护套:利用挤塑的方法将塑料挤铸在光缆外围,就构成光缆外护套。用做外护套的塑料有 PVC、聚乙烯和聚氨基甲酸酯等,其中聚乙烯的湿度渗透力低,具有良好的机械特性与化学特性,是常用的外护套材料。

8.2 光缆的分类方式

1. 按缆芯结构分

按缆芯结构的特点,光缆可分为层绞式光缆、骨架式光缆和中心管式光缆。

（1）骨架式光缆是将光纤或光纤带经螺旋绞合置于塑料骨架槽中构成的光缆。

（2）层绞式光缆是将几根至十几根或更多根光纤或光纤带单元围绕中心加强件螺旋绞合（S绞或SZ绞）成一层或几层的光缆。

（3）中心管式光缆是将光纤或光纤束或光纤带无绞合直接放到光缆中心位置而制成的光缆。

2. 按线路敷设方式分

按光缆敷设方式，光缆可分为架空光缆、管道光缆、直埋光缆、隧道光缆和水底光缆。

（1）架空光缆是指光缆线路经过地形陡峭、跨越江河等特殊地形条件和城市市区无法直埋及赔偿昂贵的地段时，借助吊挂钢索或自身具有抗拉元件悬挂在已有的电线杆、塔上的光缆。

（2）管道光缆是指光缆在城市环路、人口稠密场所和横穿马路时，穿入用来起保护作用的聚乙烯管内的光缆。

（3）直埋光缆是光缆经过田野、戈壁时，直接埋入规定深度和宽度的缆沟的光缆。

（4）隧道光缆是指光缆经过公路、铁路等交通隧道的光缆。

（5）水底光缆是穿越江河湖海水底的光缆。

3. 按光缆中光纤状态分

按光纤在光缆中是否可自由移动的状态，光缆可分为松套光纤光缆、紧套光纤光缆和半松半紧光纤光缆。

（1）松套光纤光缆的特点是光纤在光缆中有一定自由移动空间，这样的结构有利于减小外界机械应力（或应变）对涂覆光纤的影响。

（2）紧套光纤光缆的特点是光缆中光纤无自由移动空间，紧套光纤是在光纤预涂覆层外直接挤上一层合适的塑料紧套层。紧套光纤光缆直径小，重量轻，易剥离、敷设和连接，但高的拉伸应力会直接影响光纤的衰减等性能。

（3）半松半紧光纤光缆中的光纤在光缆中的自由移动空间介于松套光纤光缆和紧套光纤光缆之间。

4. 按使用环境与场合分

按使用环境与场合，光缆主要分为室外光缆和室内光缆两大类。由于室内、外环境（气候、温度、破坏）相差很大，故两类光缆在构造、材料、性能等方面也有很大区别。

室外光缆由于使用条件恶劣，光缆必须具有足够的机械强度、防渗水能力和良好的温度特性，其结构复杂。而室内光缆则主要考虑结构紧凑，轻便柔软并应具有阻燃性能。

5. 按网络层次分

按网络层次，光缆可分为长途光缆（长途端局之间的线路包括省际一级干线、省内二级干线）、市内光缆（长途端局与市话局以及市话局之间的中继线路）和接入网光缆（市话端局到用户之间的线路）。

根据不同环境与应用要求还研制出了多种特殊用途光缆，它们包括电力光缆、阻燃光缆、防蚁光缆，以及各类轻便型光缆等。

6. 按护层材料性质分

按护层材料性质,光缆可分为聚乙烯护层普通光缆、聚氯乙烯护层阻燃光缆和尼龙防蚁防鼠光缆。

7. 按传输导体、介质状况分

按传输导体、介质状况,光缆可分为无金属光缆、普通光缆和综合光缆。

8. 目前通信用光缆分类

目前通信用光缆可分为以下几种。

(1)室(野)外光缆——用于室外直埋、管道、槽道、隧道、架空及水下敷设的光缆。

(2)软光缆——具有优良的曲挠性能的可移动光缆。

(3)室(局)内光缆——适用于室内布放的光缆。

(4)设备内光缆——用于设备内布放的光缆。

(5)海底光缆——用于跨海洋敷设的光缆。

(6)特种光缆——除上述几类之外,做特殊用途的光缆。

8.3 各种典型结构的光缆

1. 层绞式结构光缆

把经过套塑的光纤绕在加强芯周围绞合而构成的光缆称为层绞式结构光缆,它类似传统的电缆结构,故又称为古典光缆。

图 8-1~图 8-5 所示的是目前在市话中继和长途线路上采用的几种层绞式结构光缆的示意图(截面)。

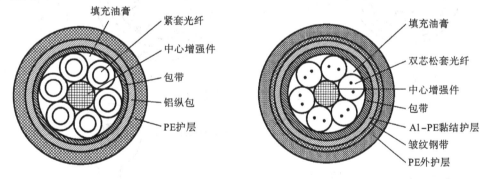

图 8-1　6 芯紧套层绞式光缆　　　　图 8-2　12 芯松套层绞式直埋光缆

2. 骨架式结构光缆

骨架式结构光缆是把紧套光纤或一次涂覆光纤放入加强芯周围的螺旋形塑料骨架凹槽内而构成。

骨架结构有中心增加螺旋型、正反螺旋型、分散增强基本单元型,图 8-6(b)所示的为螺旋型结构,图 8-7 所示的为基本单元结构。目前,我国采用的骨架式结构光缆,都是采用如图 8-6 所示的结构。图 8-8 所示的是采用骨架式结构的自承式架空光缆。

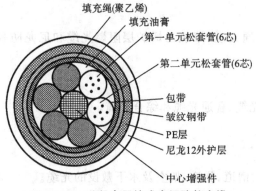

填充绳(聚乙烯)
填充油膏
第一单元松套管(6芯)
第二单元松套管(6芯)
包带
皱纹钢带
PE层
尼龙12外护层
中心增强件

图8-3 12芯松套层绞式直埋防蚁光缆

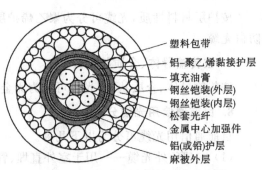

塑料包带
铝-聚乙烯黏接护层
填充油膏
钢丝铠装(外层)
钢丝铠装(内层)
松套光纤
金属中心加强件
铝(或铅)护层
麻被外层

图8-4 6～48芯松套层绞式水底光缆

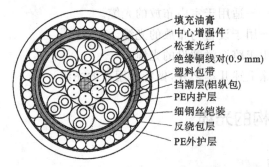

填充油膏
中心增强件
松套光纤
绝缘铜线对(0.9 mm)
塑料包带
挡潮层(铝纵包)
PE内护层
细钢丝铠装
反绕包层
PE外护层

图8-5 12芯松套＋8芯×2线对层绞式直埋光缆

塑料骨架
铝纵包
包带
分散式增强件
光纤

（a）管道、架空

PE外护层
皱纹钢带
塑料骨架
中心增强件
紧套光纤

（b）直埋

图8-6 12芯骨架式光缆

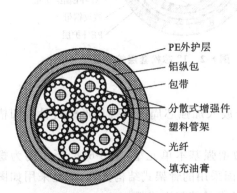

PE外护层
铝纵包
包带
分散式增强件
塑料管架
光纤
填充油膏

图8-7 70芯骨架式光缆

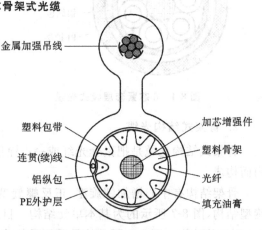

金属加强吊线

塑料包带
连贯(续)线
铝纵包
PE外护层

加芯增强件
塑料骨架
光纤
填充油膏

图8-8 骨架式结构的自承式架空光缆

3. 束管式结构光缆

把一次涂覆光纤或光纤束放入大套管中,加强芯配置在套管周围而构成。

图 8-9 所示的光缆结构即属于护层增强构件配制方式。

图 8-9、图 8-10 所示的光缆属于分散加强构件配置方式的束管式结构光缆。

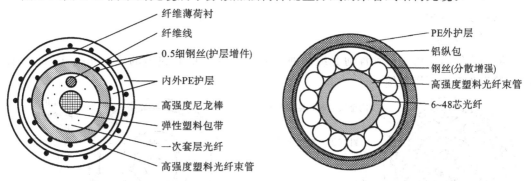

图 8-9　12 芯束管式光缆　　　　图 8-10　6～48 芯束管式光缆

另图 8-11 所示的浅海光缆实际上就是双层加铠装束管式光缆。

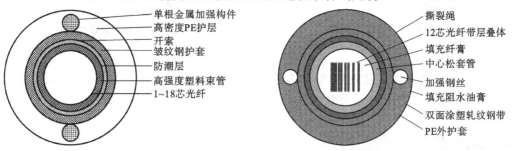

图 8-11　LEX 束管式光缆　　　　图 8-12　中心束管式带状光缆

4. 带状结构光缆

把带状光纤单元放入大套管中,形成中心束管式结构;也可把带状光纤单元放入凹槽内或松套管内,形成骨架式或层绞式结构,分别如图 8-12、图 8-13 所示。

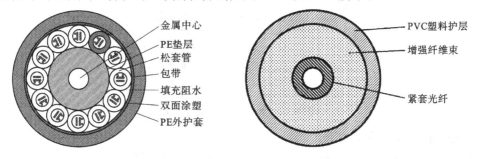

图 8-13　层绞式带状光缆　　　　图 8-14　单芯软光缆

5. 单芯结构光缆

单芯结构光缆简称单芯软光缆,如图 8-14 所示。

这种结构的光缆主要用于局内(或站内)或用来制作仪表测试软线和特殊通信场所用特种光缆以及制作单芯软光缆的光纤。

6. 特殊结构光缆

特殊结构的光缆主要有光/电力组合缆、光/架空地线组合缆、海底光缆和无金属光缆。这里只介绍后两种。

1) 海底光缆

海底光缆有浅海光缆和深海光缆两种。图 8-15 所示的是典型的浅海光缆,图 8-16 所示的是较为典型的深海光缆。

内金属或高强度塑料绳
光纤
光纤或聚乙烯填充线
聚乙烯
铜管
聚乙烯
聚丙烯
内层钢丝铠装
外层钢丝铠装

PE外护层
PE绝缘层
钢管
高强度钢绞线
扇形铝管
中心钢线
光纤(光缆单元)

图 8-15　浅海光缆　　　　　　　　　**图 8-16　深海光缆**

2) 无金属光缆

无金属光缆是指光缆除光纤、绝缘介质外(包括增强构件、护层)均是全塑结构,适用于强电场合,如电站、电气化铁道及强电磁干扰地带。

8.4　光缆型号与命名方式

光缆型号由它的形式代号和规格代号构成,中间用一短横线分开。

(1)光缆形式由五个部分组成,如图 8-17 所示。

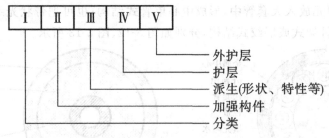

| Ⅰ | Ⅱ | Ⅲ | Ⅳ | Ⅴ |

外护层
护层
派生(形状、特性等)
加强构件
分类

图 8-17　光缆形式的组成部分

Ⅰ:分类代号及其意义如下。

GY——通信用室(野)外光缆;　　　　GR——通信用软光缆;

GJ——通信用室(局)内光缆;　　　　GS——通信用设备内光缆;

GH——通信用海底光缆;　　　　　　GT——通信用特殊光缆。

Ⅱ:加强构件代号及其意义如下。

无符号——金属加强构件；　　　　F——非金属加强构件；

G——金属重型加强构件；　　　　H——非金属重型加强构件。

Ⅲ：派生特征代号及其意义如下。

D——光纤带状结构；　　　　　　G——骨架槽结构；

B——扁平式结构；　　　　　　　Z——自承式结构；

T——填充式结构。

Ⅳ：护层代号及其意义如下。

Y——聚乙烯护层；　　　　　　　V——聚氯乙烯护层；

U——聚氨酯护层；　　　　　　　A——铝-聚乙烯黏结护层；

L——铝护套；　　　　　　　　　G——钢护套；

Q——铅护套；　　　　　　　　　S——钢-铝-聚乙烯综合护套。

Ⅴ：外护层的代号及其意义如下。

外护层是指铠装层及其铠装外边的外护层，外护层的代号及其意义见表 8-1。

表 8-1　外护层代号及其意义

代号	铠装层（方式）	代号	外护层（材料）
0	无	0	无
1	—	1	纤维层
2	双钢带	2	聚氯乙烯套
3	细圆钢丝	3	聚乙烯套
4	粗圆钢丝	—	—
5	单钢带皱纹纵包	—	—

（2）光缆规格由五部分七项内容组成，如图 8-18 所示。

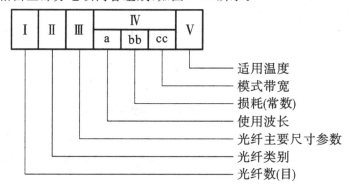

图 8-18　光缆的规格组成部分

Ⅰ：光纤数目用 1、2 等表示光缆内光纤的实际数目。

Ⅱ：光纤类别的代号及其意义。

J——二氧化硅系多模渐变型光纤；

T——二氧化硅系多模突变型光纤；

Z——二氧化硅系多模准突变型光纤；

D——二氧化硅系单模光纤；

X——二氧化硅纤芯塑料包层光纤；

S——塑料光纤。

Ⅲ：光纤主要尺寸参数。

用阿拉伯数(含小数点数)及以 μm 为单位表示多模光纤的芯径及包层直径,单模光纤的模场直径及包层直径。

Ⅳ：带宽、损耗、波长表示光纤传输特性的代号由 a、bb 及 cc 三组数字代号构成。

a——表示使用波长的代号,其数字代号规定如下。

1——波长在 0.85 μm 区域；　　2——波长在 1.31 μm 区域；

3——波长在 1.55 μm 区域。

注意,同一光缆适用于两种及以上波长,并具有不同传输特性时,应同时列出各波长上的规格代号,并用"/"划开。

bb——表示损耗常数的代号。两位数字依次为光缆中光纤损耗常数值(dB/km)的个位和十位数字。

cc——表示模式带宽的代号。两位数字依次为光缆中光纤模式带宽分类数值(MHz·km)的千位和百位数字。单模光纤无此项。

Ⅴ：适用温度代号及其意义。

A——适用于-40～+40 ℃；

B——适用于-30～+50 ℃；

C——适用于-20～+60 ℃；

D——适用于-5～+60 ℃。

光缆中还附加金属导线(对、组)编号,如图 8-19 所示。其符合有关电缆标准中导电线芯规格构成的规定。

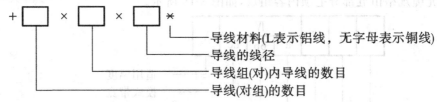

图 8-19　光缆中附加金属导线编号示意图

例如,2 个线径为 0.5 mm 的铜导线单线可写成 2×1×0.5;4 个线径为 0.9 mm 的铝导线四线组可写成 4×4×0.9L;4 个内导体直径为 2.6 mm,外径为 9.5 mm 的同轴对,可写成 4×2.6/9.5。

8.5　知识应用

设有金属重型加强构件、自承式、铝护套和聚乙烯护层的通信用室外光缆,包括 12 根芯径/包层直径为 50/125 μm 的二氧化硅系列多模突变型光纤和 5 根用于远供及监测的铜线径为 0.9 mm 的四线组,且在 1.31 μm 波长上,光纤的损耗常数不大于 1.0 dB/km,模式带宽不小于 800 MHz·km；光缆的适用温度范围为$-20\sim+60$ ℃。

该光缆的型号应表示为：

GYGZL03-12T50/125(21008)C$+5\times4\times0.9$

8.6　思考题

8-1　光缆的基本构件有哪些？

8-2　常见的光缆及其结构和特点是什么？

8-3　设有松套层绞结构、金属加强件、铝-塑黏结护层、皱纹钢带铠装、聚乙烯外护套的室外用通信光缆，内有 12 根包层直径为 $50/125$ μm 的二氧化硅系渐变多模光纤，适用1.31 μm 波长上，光纤的损耗常数不大于 1.0 dB/km，模式带宽不小于 800 MHz·km，光缆的适用温度范围为$-40\sim+40$ ℃，该光缆的型号怎样表示？

第 9 章　光纤光缆制备技术

◆ 本章重点
　 ☒ 光纤原料的选择,提纯方法
　 ☒ 石英光纤预制棒的制备方法
　 ☒ 光纤拉丝及涂覆技术
　 ☒ 光纤成缆技术

9.1　光纤原料、制备与提纯方法

9.1.1　光纤原料特点

作为光纤的候选材料,必须满足一系列的要求。例如,这种材料必须能拉制成很长、很细、可卷绕的纤维;必须对特定的光波是透明的,以便光纤可以有效地导光;物理性能合适,使得拉制成的光纤纤芯与包层折射率仅有稍许差异等。可以满足上述要求的主要材料有玻璃和塑料。

形形色色的玻璃纤维,可以分成具有大面积纤芯的高损耗玻璃纤维和极为透明的低损耗玻璃纤维。前者用于短距离传输,而后者则主要用于长途传输。塑料光纤尚未得到广泛应用,因为比起玻璃纤维,其损耗较大。塑料光纤主要用于短距离传输(几百米以内)和一些恶劣环境中,在这种环境中塑料光纤因其机械强度大,所以比起玻璃纤维更具有优势。

石英系光纤是采用高纯度的玻璃材料制成的,依据光纤材料所含化学元素,可分为高硅玻璃光纤和多组分玻璃光纤两类,高硅玻璃光纤采用高纯度的熔融石英(SiO_2)做纤芯,故又称为石英光纤;多组分玻璃光纤采用普通的多组分玻璃做纤芯,常用的配方成分有钠-硼硅酸盐玻璃、钾-硼硅酸盐玻璃、钠-钙硅酸盐玻璃、钍-硼硅酸盐玻璃及钠-锌-铝-硼硅酸盐玻璃等。几种光学玻璃成分特性见表 9-1。

表 9-1　几种光学玻璃成分的主要特征

玻 璃 成 分	相对分子质量	折　射　率	膨 胀 系 数
SiO_2	60	1.457	$5.5 \times 10^{-7} ℃^{-1}$
B_2O_3	69.62	1.45	$150 \times 10^{-7} ℃^{-1}$
P_2O_5	141.95	1.50	$140 \times 10^{-7} ℃^{-1}$
GeO_2	104.59	1.48~1.50	$60 \times 10^{-7} ℃^{-1}$

为了制作两种具有相似特性,而折射率只有很小差异的材料以便形成纤芯和包层,可以在二氧化硅中掺入氟,或者掺入各种氧化物(通常称为掺杂),如 B_2O_3、GeO_2 或 P_2O_5 等。如果在二氧化硅中掺入 GeO_2 或 P_2O_5,则折射率增加;在二氧化硅中掺入氟或 B_2O_3,则折射率

减小。由于包层折射率必须低于纤芯折射率,所以光纤的组成可以是:

(1) GeO_2-SiO_2 纤芯,SiO_2 包层;

(2) P_2O_5-SiO_2 纤芯,SiO_2 包层;

(3) SiO_2 纤芯,B_2O_3-SiO_2 包层;

(4) GeO_2-B_2O_3-SiO_2 纤芯,B_2O_3-SiO_2 包层。

这里的标识方法如 GeO_2-SiO_2 代表在二氧化硅玻璃中掺入 GeO_2。

1. SiO_2 石英光纤原料试剂与制备

制备 SiO_2 系光纤的主要原料多数采用一些高纯度的液态卤化物化学试剂,如四氯化硅($SiCl_4$)、四氯化锗($GeCl_4$)、三氯氧磷($POCl_3$)、三氯化硼(BCl_3)、三氯化铝($AlCl_3$)、溴化硼(BBr_3)、气态的六氟化硫(SF_6)、四氟化二碳(C_2F_4)等。这些液态试剂在常温下呈无色的透明液体,有刺鼻气味,易水解,在潮湿空气中强烈发烟,同时放出热量,属放热反应。表 9-2 列出了几种常用光纤化学试剂的性能指标。

表 9-2　光纤材料常用试剂参数

名称	形态	相对分子质量	相对密度	熔点($℃$)	沸点($℃$)	主　要　特　点
$SiCl_4$	液态	169.9	1.50	-70	57.6	
$GeCl_4$	液态	214.9	1.879	-49.5	83.1	(1)均有腐蚀性,有刺鼻性气味
$POCl_3$	液态	153.21	1.675	2	105.3	(2)易水解,在潮湿的空气中强
BCl_3	液态	117.17	1.434	-107	12.5	烈发烟,并放出热量
BBr_3	液态	250.54	2.65	-46	90.8	(3)无极性分子,不易吸附
$AlCl_3$	液态	133.34	1.31	194	180	

以 $SiCl_4$ 为例,它的水解化学反应式如下:

$$SiCl_4 + 2H_2O = 4HCl + SiO_2 \qquad (9\text{-}1)$$

$$SiCl_4 + 4H_2O = H_4SiO_4 + 4HCl \qquad (9\text{-}2)$$

由于卤化物试剂的沸点低,$SiCl_4$ 试剂的沸点在 57.6 $℃$,易汽化,故提纯工艺多采用气相提纯。$SiCl_4$ 的化学结构为正四面体,无极性,与 HCl 具有同等程度的腐蚀性,有毒。

$SiCl_4$ 是制备光纤的主要材料,占光纤成分总量的 85%～95%。$SiCl_4$ 的制备可采用多种方法,最常用的方法是采用工业硅在高温下氯化制得粗 $SiCl_4$,化学反应如下:

$$Si + 2Cl_2 = SiCl_4 \uparrow \qquad (9\text{-}3)$$

该反应为放热反应,反应炉内温度随着反应加剧而升高,所以要控制氯气流量,防止反应温度过高,生成 Si_2Cl_6 和 Si_3Cl_8。反应生成的 $SiCl_4$ 蒸气流入冷凝器,这样制得 $SiCl_4$ 液体原料。

2. SiO_2 石英光纤原料的提纯

经大量研究表明,用来制造光纤的各种原料纯度应达到 99.9999%,或者杂质含量要小于 10^{-6}。大部分卤化物材料都达不到如此高的纯度,必须对原料进行提纯处理。卤化物试剂目前已有成熟的提纯技术,如精馏法、吸附法、水解法、萃取法和络合法等。目前在光纤原料提纯工艺中,广泛采用的是"精馏—吸附—精馏"混合提纯法,如图 9-1 所示。

一般情况下,$SiCl_4$ 中可能存在的杂质有四类:金属氧化物、非金属氧化物、含氢化合物和

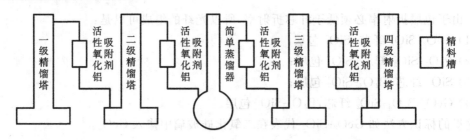

图 9-1 综合提纯法工艺流程示意图

络合物。其中金属氧化物和某些非金属氧化物的沸点和光纤化学试剂的沸点相差很大,可采用精馏法除去,即在精馏工艺中把它们作为高、低沸点组分除去。然而,精馏法对沸点(57.6 ℃)与 $SiCl_4$ 相近的组分杂质及某些极性杂质不能最大限度地除去。例如,在 $SiCl_4$ 中对衰减危害最大的 OH^- 离子,它可能主要来源于 $SiHCl_3$ 和其他含氢化合物,而且大多有极性,趋向于形成化学键,容易被吸附剂所吸收。而 $SiCl_4$ 是偶极矩为零的非极性分子,具有不能或者很少形成化学键的稳定电子结构,不易被吸附剂吸附,因此,利用被提纯物质和杂质的化学键极性的不同,选择适当的吸附剂,有效地、选择性地进行吸附分离,可以达到进一步提纯极性杂质的目的。

精馏法是蒸馏方法之一,主要用于分离液体混合物,以便得到纯度很高的单一液体物质。精馏塔由多层塔板和蒸馏釜构成,蒸馏得到的产品可分为塔顶馏出液($SiCl_4$ 液体)和蒸馏釜残液(含金属杂质物质)两种,$SiCl_4$ 馏出液由塔顶蒸气凝结得到,为使其纯度更高,将其再回流入塔内,并与从蒸馏釜连续上升的蒸气在各层塔板上或填料表面密切接触,不断地进行部分汽化与凝缩,这一过程相当于对 $SiCl_4$ 液体进行了多次简单的蒸馏,可进一步提高 $SiCl_4$ 的分离纯度。

吸附剂是指对气体或溶质发生吸附现象的固体物质。在应用上要求具有巨大的吸附表面,同时对某些物质必须具有选择性的吸附能力,一般为多孔性的固体颗粒或粉末。常用的吸附剂有活性炭、硅胶、活性氧化铝和分子筛等。在光纤原料提纯工艺中使用的吸附剂有两种:活性氧化铝吸附柱和活性硅胶吸附柱。利用活性氧化铝吸附柱和活性硅胶吸附柱完成对 OH^-、H^+ 等离子的吸附。

在四级精馏工艺中再加一级简单的蒸馏工艺并采用四级活性氧化铝吸附剂和一级活性硅胶吸附剂作为吸附柱,这就构成所谓的"精馏—吸附—精馏"综合提纯工艺。采用这种提纯工艺可使 $SiCl_4$ 纯度达到很高的水平,金属杂质含量可降低到 5×10^{-9} 左右,含氢化合物 $SiHCl_3$ 的含量可降低到 0.2×10^{-6} 以下。

9.1.2 SiO_2 石英光纤用辅助原料及纯度要求

在制备 SiO_2 光纤时,除需要 $SiCl_4$ 卤化物试剂外,还需要一些高纯度的掺杂剂和某些有助反应的辅助试剂或气体。

掺杂离子会对光纤性能有影响,铁、钴、镍、铜、锰、铬、钒及氢氧根的含量超越会引起光纤吸收损耗,所以一般要求这些过渡金属离子杂质含量低于 10^{-8},氢氧根离子含量也要求低于 10^{-8}。

在沉积包层时,需掺入少量的低折射率的掺杂剂,如 B_2O_3、F、SiF_4 等;在沉积芯层时,需要掺杂少量的高折射率的掺杂剂，如 GeO_2、P_2O_5、TiO_2、ZrO_2、Al_2O_3 等。

如采用四氯化锗与纯氧气反应得到高掺杂物质 GeO_2，而利用氟利昂与 $SiCl_4$ 加纯氧反应得到低掺杂物质 SiF_4 等。

作为载气使用的辅助气体是纯氩气或纯氧气。氧气是携带化学试剂进入石英反应管的载流气体，同时，也是气相沉积（如 MCVD）法中参加高温氧化反应的反应气体。它的纯度对光纤的衰减影响很大，一般要求它含水（H_2O）的露点在 $-70 \sim -83\ ℃$，H_2O 含量小于 1×10^{-6}；其他氢化物含量小于 0.2×10^{-6}。氩气（Ar）有时也被用来作为载送气体，对它的纯度要求与氧气相同。

为除去沉积在石英玻璃中的气泡所用的除泡剂是氦气（He）。氦气有时被用来消除沉积玻璃中的气泡和提高沉积效率，对它的纯度要求与纯氧气的相同。

在光纤制造过程中起脱水作用的干燥剂是 $SOCl_2$ 或 Cl_2。干燥试剂或干燥气体等在沉积过程中或熔缩成棒过程中起脱水作用，对它们的纯度要求与氧气相同，这样才能避免对沉积玻璃的污染。

石英包皮管质量的好坏，对光纤性能的影响很大，例如，用 MCVD 法和 PCVD 法制备光纤，都要求质量好的石英包皮管，用 VAD 法制作的棒上，有时也加质量好的外套石英管，然后再拉丝。这些石英包皮管均与沉积的芯层和内包层玻璃熔为一整体，拉丝后成为光纤外包层，它起保护层的作用。如果包皮管上某些部位存在气泡，未熔化的生料粒子和杂质，或某些金属元素（Na、K、Mg 等）杂质富集到某一点，就会产生应力集中或者使光纤玻璃内造成缺陷或微裂纹。一旦光纤受到张应力作用时，若主裂纹上的应力集中程度达到材料的临界断裂应力 δ_e，光纤就断裂。同时还存在着另一种可能，当施加应力低于临界断裂应力时，光纤表面裂纹趋向扩大、生长，以致裂纹末端的应力集中加强。这样就使裂纹的扩展速度逐渐加快，直至应力集中重新达到临界值，并出现断裂，这种现象属材料的静态疲劳。它决定了光纤在有张应力作用情况下的使用寿命期限。

为提高成品光纤的机械强度和传输性能，对石英包皮管内在的杂质含量和几何尺寸精度，都必须提出严格的要求。管内沉积石英包皮管技术指标要求如下。

外径：20 ± 0.8 mm；　　　　外径公差：$< 0.05 \sim 0.15$ mm；

壁厚：2 ± 0.3 mm；　　　　　壁厚公差：$0.02 \sim 0.1$ mm；

长度：$1000 \sim 1200$ mm；

锥度：$\leqslant 0.5$ mm/m（外径）；

弓形：$\leqslant 1$ mm/m；

不同心度：$\leqslant 0.15$ mm；

椭圆度（长、短轴差）：$\leqslant 0.8$ mm；

CSA：同一根包皮管，平均 CSA＝2.5%；同一批包皮管，平均 CSA＝4%（CSA 为包皮管横截面的变化量）；

OH^- 浓度：$\leqslant 150 \times 10^{-6}$；

开放型气泡：不允许存在任何大小的开放型气泡；

封闭型气泡：(1) 可允许每米 1 个长 $1.5 \sim 5$ mm、宽 0.8 mm 封闭型气泡存在；

(2) 可允许每米 $1 \sim 3$ 个长 $0.5 \sim 1.5$ mm、宽 0.1 mm 封闭型气泡存在；

(3) 可允许每米 3～5 个长 0.2～0.5 mm、宽 0.1 mm 封闭型气泡存在。

夹杂物：在同一批包皮管中 2% 包皮管允许每米有最大直径为 0.3 mm 的夹杂物；

严重斑点（非玻璃化粒子）：决不允许；

外来物质（指纹、冲洗的污斑和灰尘）：决不允许；

沟棱凹凸：<0.1 mm。

石英包皮管中杂质含量的最大允许值见表 9-3。

表 9-3 石英包皮管中杂质含量的最大允许值

金属离子杂质名称	Al	Ca	Fe	K	Li	Mg	Mn	Na	Ti
最大允许值（$\times 10^{-6}$）	24.5	24	1.7	3.7	3.0	0.2	0.05	3.2	1.2

9.2 SiO_2 石英光纤预制棒制备技术

制造光纤时，必须先将经过提纯的原材料制成一根满足一定要求的玻璃棒，称之为"光纤预制棒"或"母棒"，光纤预制棒是拉制光纤的原始棒体材料，其内层为高折射率（n_1）的芯层，外层为低折射率（n_2）的包层，应具有符合要求的折射率分布和几何尺寸。

折射率分布：纯石英玻璃的折射率 $n=1.458$，根据光纤的导光条件可知，欲保证光波在光纤芯层传输，必须使芯层的折射率稍高于包层的折射率，为此，在制备芯层玻璃时应均匀地掺入少量的较石英玻璃折射率稍高的材料，如 GeO_2，使芯层的折射率为 n_1；在制备包层玻璃时，均匀地掺入少量的较石英玻璃折射率稍低的材料，如 SiF_4，使包层的折射率为 n_2，这样 $n_1 > n_2$，就满足了光波在芯层传输的基本要求。

几何尺寸：将制得的光纤预制棒放入高温拉丝炉中加温软化，并以相似比例尺寸拉制成线径很小的、又长又细的玻璃丝。这种玻璃丝中的芯层和包层的厚度比例及折射率分布，与原始的光纤预制棒材料完全一致，这些很细的玻璃丝就是我们所需要的光纤。

9.2.1 气相沉积法

当今，SiO_2 光纤预制棒的制造工艺是光纤制造技术中最重要也是难度最大的工艺，传统的 SiO_2 光纤预制棒制备工艺普遍采用气相反应沉积方法。

目前最为成熟的技术有以下四种。

美国康宁玻璃公司在 1974 年开发成功，1980 年全面投入使用的管外气相沉积法，简称 OVD 法（Outside Vapor Deposition，OVD）。

日本 NTT 公司在 1977 年开发的轴向气相沉积法，简称 VAD 法（Vapor Axial Deposition，VAD）。

美国阿尔卡特公司在 1974 年开发的管内化学气相沉积法，简称 MCVD 法（Modified Chemical Vaper Deposition，MCVD）。

荷兰飞利浦公司开发的微波等离子体化学气相沉积法，简称 PCVD 法（Plasma Chemical Vapor Deposition，PCVD）。

上述四种方法相比，其各有优缺点，但都能制造出高质量的光纤产品，因而在世界光纤产业领域中各领风骚。除上述非常成熟的传统气相沉积工艺外,近年来又开发了等离子改良的化学气相沉积法(PMCVD)、轴向和横向等离子化学气相沉积法(ALPD)、MCVD 大棒法、MCVD/OVD 混合法及混合气相沉积法(HVD)、两步法等多种工艺。

气相沉积法的基本工作原理在于,将经提纯的液态 SiCl₄ 和起掺杂作用的液态卤化物,并在一定条件下进行化学反应而生成掺杂的高纯石英玻璃。该方法选用的原料纯度极高,加之气相沉积工艺中选用高纯度的氧气作为载气,将汽化后的卤化物气体带入反应区,从而可进一步提高反应物的纯度,达到严格控制过渡金属离子和 OH⁻离子的目的。

下面就这四种成熟的方法予以分别介绍。

1. OVD 法

这种方法又称为"外部气相氧化法(OVPO)"或"粉尘法"。第一根损耗低于 20 dB/km 的光纤就是由康宁玻璃公司(Corning Glass Work)使用该法制成的。其主要原料掺杂剂以气态形式送入氢氧火焰喷灯,使之在氢氧焰中水解,生成石英(SiO₂)玻璃微粒粉尘,然后经喷灯喷出,沉积于由石英、石墨或氧化铝材料制作的"母棒"外表面,经多次沉积形成一定尺寸的多孔粉尘预制棒,然后停止工作,去掉母棒,再将中空的预制棒在高温下脱水结成透明的实心玻璃棒,即获得所需的光纤预制棒,如图 9-2 所示。

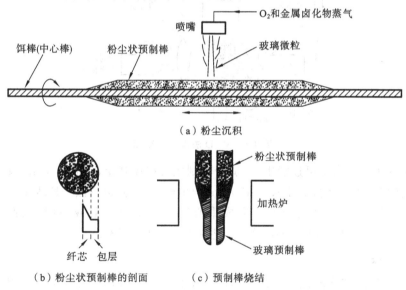

图 9-2　OVD 法工艺原理图

利用 OVD 法形成玻璃的化学反应式如下:

$$\begin{cases} SiCl_4 + 2H_2O \xrightarrow{\text{高温氧化}} SiO_2 + 4HCl \\ GeCl_4 + 2H_2O \xrightarrow{\text{高温氧化}} GeO_2 + 4HCl \end{cases} \tag{9-4}$$

这种方法主要的优点是沉积速度快(比 MVCD 要大 5~10 倍),可达 10 g/min 以上,适合于批量生产;其缺点是要求较高的环境洁净度,经过严格的脱水处理,可用这种方法制备出损耗低至 0.16 dB/km(1.55 μm)的单模光纤。

2. VAD 法

这种方法的工作原理与 OVD 的完全相同,不同之处在于它不是在母棒的外表面(径向)沉积而是在其端部(轴向)沉积,故又称母棒为"种子石英棒",如图 9-3 所示。由化学反应生成的石英玻璃粉尘微粒经喷灯喷出,沉积于种子石英棒一端,沿轴向形成多孔粉尘预制棒。种子石英棒不断旋转,并通过提升杆向上慢速移动,牵引粉尘多孔预制棒通过一环状加热器进行烧结处理,使之熔缩成透明的光纤预制棒。

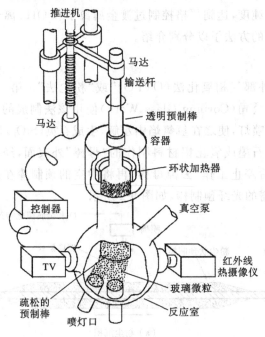

图 9-3　VAD 法设备示意图

VAD 法的重要特点是可连续生长,适合于制成大型预制棒,从而可拉制成较长的连续光纤。目前已使用这种方法拉制出长达 100 km 的单模光纤(其他方法一般为 $10 \sim 25$ km)。此外,用 VAD 法制备的多模光纤不会形成中心部位折射率凹陷或空眼,因此其带宽要比 MCVD 法的高一些。其单模光纤损耗也可达到 $0.25 \sim 0.5$ dB/km。

3. MCVD 法

MCVD 法又称为"管内化学气相沉积法",是目前制作高质量石英光纤的比较稳定可靠的方法,其工艺原理如图 9-4 所示。以超纯氧气作为载体将 $SiCl_4$ 等原材料和 $GeCl_4$ 等掺杂剂送入旋转的外径为 $18 \sim 25$ mm、壁厚 $1.4 \sim 2$ mm 的石英反应管(转速为每分钟几十转),用 $1400 \sim 1600$ ℃的高温氢氧火焰加热石英反应管外壁,使管内的原料和掺杂剂在高温作用下发生氧化还原反应,其化学反应式如下:

$$（包层）\begin{cases} SiCl_4 + O_2 \xrightarrow{\text{高温氧化}} SiO_2 + 2Cl_2 \uparrow \\ 4BCl_3 + 3O_2 \xrightarrow{\text{高温氧化}} 2B_2O_3 + 6Cl_2 \uparrow \\ 4BBr_3 + 3O_2 \xrightarrow{\text{高温氧化}} 2B_2O_3 + 6Br_2 \uparrow \end{cases} \qquad (9-5)$$

$$
（芯层）\begin{cases} SiCl_4 + O_2 \xrightarrow{\text{高温氧化}} SiO_2 + 2Cl_2 \uparrow \\[2mm] GeCl_4 + O_2 \xrightarrow{\text{高温氧化}} GeO_2 + 2Cl_2 \uparrow \\[2mm] 4POCl_3 + 3O_2 \xrightarrow{\text{高温氧化}} 2P_2O_5 + 6Cl_2 \uparrow \end{cases} \tag{9-6}
$$

经化学反应而生成的粉尘氧化物 SiO_2-B_2O_3（包层）和 SiO_2-GeO_2（芯层）就沉积在石英反应管的内壁上,再通过反复移动的氢氧焰加热变成透明的掺杂玻璃 SiO_2-B_2O_3（包层玻璃）和掺锗玻璃 SiO_2-GeO_2（芯层玻璃）,火焰每移动一次,就沉积一层厚度为 $8 \sim 10~\mu m$ 的玻璃膜层,氯气和没反应完的材料则从反应管尾端排出去。

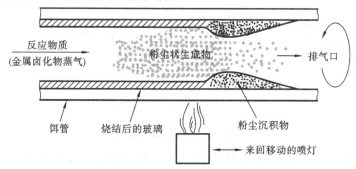

图 9-4　MCVD 工艺原理图

在沉积过程中,需要精密地控制掺杂剂的流量,以获得所设计的折射率分布。

经过数小时的沉积之后,在石英反应管的内壁上已沉积了相当厚度的玻璃层,初步形成玻璃棒体,只是中心仍还留下一个小孔,这时即可停止供料。然后,提高火焰加热温度使石英反应管外壁温度达到 $1800~℃$ 左右,导致反应管在高温下软化收缩,使中心孔封闭,形成一个实心棒,即为原始的光纤预制棒。这时,光纤预制棒有三层:中心为光纤芯层玻璃,紧邻芯层的是沉积的包层玻璃,最外面还有一层石英玻璃,称为光纤的外包层（或保护层）。保护层虽不起导光作用,但其几何尺寸与杂质含量也直接影响光纤的机械强度和传输性能。因此,利用 MCVD 法制备光纤预制棒应选用质量好的石英管作为反应管。此外,还应对料温、反应温度、石英管管径和转速、喷灯移动速度等进行精密测量与控制。

目前,利用这种 MCVD 法制备的多模光纤损耗可稳定在 $2 \sim 4~dB/km$,单模光纤损耗可达到 $0.2 \sim 0.4~dB/km$,且具有很好的重复性。

4. PCVD 法

飞利普(Philips)研究所的科学家发明了这种方法,它与 MCVD 法的工艺原理基本相同,只是不再用氢氧焰进行管外加热,而是改用微波腔体产生的等离子体加热(见图 9-5)。为了减少生成的玻璃膜的机械应力,石英管的温度保持在 $1000 \sim 1200~℃$ 范围内。在 PCVD 法中,氧化物的生成是在 $2.45~GHz$ 的非等温的微波等离子体作用下完成的,等离子体是把中小功率(数百瓦到千瓦级)的微波能送入谐振腔中,使谐振腔中的石英管内的低压气体受激产生辉光放电所形成的。这种 PCVD 工艺沉积温度低于 MCVD 热反应温度,因此反应管不易变形;由于气体电离不受反应管的热容量限制,所以微波加热腔体可以沿反应管轴向作快速往复移动,从而使每层沉积厚度减小(至 $1~\mu m$),因此,折射率分布控制更为精确,可以获得

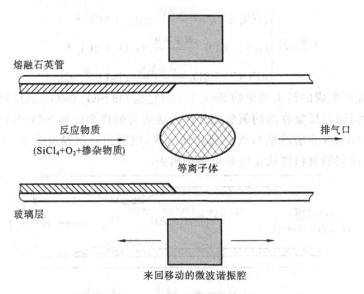

图 9-5　PCVD 法示意图

更宽的带宽。此外,PCVD 法沉积效率高(对 $SiCl_4$ 的沉积效率接近 100%),沉积速度快,几何与光学特征性重复较好,适于批量生产,有利于降低成本。

综上所述,四种气相沉积的制备方法在本质上是十分相似的。表 9-4 列出四种气相沉积工艺特点。

表 9-4　四种气相沉积法的特点

方法	MCVD	PCVD	OVD	VAD
反应机理	高温氧化	低温氧化	火焰水解	火焰水解
热源	氢氧焰	等离子体	甲烷或氢氧焰	氢氧焰
沉积方向	管内表面	管内表面	靶棒外径向	靶同轴向
沉积速率	中	小	大	大
沉积工艺	间歇	间歇	间歇	连续
预制棒尺寸	小	小	大	大
折射率分布控制	容易	极易	容易	单模:容易 多模:稍难
原料纯度要求	严格	严格	不严格	不严格
现使用厂家(代表)	法国阿尔卡特公司	荷兰飞利浦公司 中国武汉长飞公司	美国康宁玻璃公司 日本西古公司 中国富通公司	日本住友、 古河等公司

9.2.2　大棒组合法(二步法)

由表 9-4 可知,四种气相沉积工艺各有优劣,技术均已成熟,但尚有两个方面的问题需要解决。

（1）必须全力提高单位时间内的沉积速度。

（2）应设法增大光纤预制棒的尺寸，达到一棒拉出数百乃至数千公里以上的连续光纤。

基于此种想法，可以将四种不同的气相沉积工艺进行不同方式的组合，可以派生出不同的新的预制棒实用制备技术——大棒套管法。所谓大棒套管法是指沉积芯层时采用一种方法，然后利用另一种方法沉积包层或外包层，之后将沉积的内包层连同芯层一道放入到外包层内，再烧结成一体而成，现择其一二说明之。

MCVD/OVD 法：由于 MCVD 法的沉积速度慢，而 MCVD 大棒套管技术要求的几何精度非常高，为适应大棒法的需求，而开发出一种用 MCVD 法沉积制备芯层和内包层，用 OVD 法沉积外包层，实现大尺寸预制棒的制备方法——MCVD/OVD。这种组合的预制棒制备工艺不仅可以避免大套管技术中存在的同心度误差的问题，又可以提高沉积速率，因而很有发展前途。

组合气相沉积法：HVD（Hybrid Vapor Deposition）法，是美国 Spectrum 光纤公司在 1995 年开发的预制棒制备技术。它是用 VAD 法做光纤预制棒的芯层部分，不同处在于水平放置靶棒，氢氧焰在一端进行火焰水解沉积，然后再用 OVD 法在棒的侧面沉积，制作预制棒的外包层部分。HVD 法是将 VAD 和 OVD 法两种工艺巧妙地结合在一起，工艺效果十分显著。

光纤预制棒的几种气相沉积制作方法可以相互贯通，彼此结合。

9.2.3 非气相沉积技术

虽然利用气相沉积技术可制备优质光纤，但是气相沉积技术也存在着不足：原料资源、设备投入昂贵，工艺复杂，成品合格率较低，玻璃组分范围窄等。为此，人们经不断的努力研究开发出一些非气相沉积技术来制备 SiO_2 光纤预制棒，并取得了一定的成绩。

在非气相沉积技术中，溶胶-凝胶法又称 sol-Gel 法，最具发展前途，最早出现在 20 世纪 60 年代初期，是生产玻璃材料的一种工艺方法。当溶胶-凝胶法技术成熟后，预计可使光纤的生产成本降到 1 美分/米。因此，无论从经济上还是从科学技术观点都引起了世人极大的兴趣，但由于此方法生产的芯层玻璃衰减仍较大，工艺尚不成熟，距商用化还有一定的距离。

广义地讲，溶胶-凝胶法是指用胶体化学原理实现基材表面改性或获得基材表面薄膜的一种方法。此方法是以适当的无机盐或有机盐为原料，经过适当的水解或缩聚反应，在基材表面胶凝成薄膜，最后经干燥、烧结得到具有一定结构的表面或形状的制品。

溶胶-凝胶法制备光纤预制棒的主要工艺生产步骤是首先将酯类化合物或金属醇盐溶于有机溶剂中，形成均匀溶液，然后加入其他组分材料，在一定温度下发生水解、缩聚反应形成凝胶，最后经干燥、热处理、烧结制成光纤预制棒。制造步骤可以分为以下几个阶段。

（1）配方阶段。

原料、稀释剂、掺杂剂和催化剂等根据质量百分比称重，混合均匀，如要制成一定形状的产品，可以把溶胶注入所需的模具内，如管状或棒状模具。

（2）溶胶-凝胶形成阶段。

溶胶又称胶体溶液，是一种分散相尺寸在 $1 \sim 1000$ nm 之间的分散系统，黏度一般为几泊。

凝胶分为湿胶和干胶，湿胶是由溶胶转变产生的，当溶胶黏度由几泊增加到 10^4 泊时就认为是湿胶，又称冻胶和软胶，外观透明或乳白，具有一定形状，内部包含大量液体但无流动性，为半液半固相体系。把湿胶内液体除去，就成为干胶，是一种超显微结构多孔体。

胶体特性很多，影响制造玻璃光纤预制棒产品质量的特性有以下两项。

① 溶胶特性：溶胶的配方和溶液的 pH 值。

② 凝胶特性：主要是宏观密度，由物体重量和外观体积决定，主要包括比表面积、平均孔隙尺寸、孔隙分布及孔隙率。

催化剂在溶液形成溶胶与凝胶过程中起着决定性的作用，催化剂的使用可分为两类：酸性催化剂和碱性催化剂。最常用的酸性催化剂是盐酸，实际使用的酸类也可以是硫酸或硝酸。在没有酸类物质参与反应时，金属醇盐往往会由于水的存在而水解，生成白色沉淀物，加入酸类物质后，立刻可以使其再溶解。H^+ 和 OH^- 是正硅酸乙酯水解反应的催化剂，因此水解反应随着溶液的酸度或碱度的增加而加快，缩聚反应一般在中性和偏碱性的条件下进行较快，pH 值在 $1 \sim 2$ 之间，缩聚反应特别慢，因此凝胶化时间相对较长，pH > 8.5 时，缩聚反应生成的硅氧键又重新有溶解的倾向，这也是在高 pH 值条件下胶凝时间特别长的原因。

在酸性催化剂的条件下，硅酸单体的慢缩聚反应生成的硅氧键最终可以得到不甚牢固的多分支网络状凝胶，但由于在此条件下反应进行得较慢，因此生成的凝胶结构往往不完善，在老化和干燥过程中可继续使凝胶网络间的 OH^- 基团脱水生成新的硅氧键 $\equiv Si-O-Si \equiv$，边缘化学键的形成使凝胶的核心结构进一步牢固，同时脱水收缩开始，凝胶的体积减小，一般在老化和干燥前期比较明显，并逐步趋于平衡。

在碱性催化剂条件下，硅酸单体迅速水解凝聚，生成相对致密的胶体颗粒。这些颗粒再相互连接形成网络状的凝胶，这种凝胶缩聚反应进行得比较完全，结构比较牢固，在老化和干燥过程中体积基本保持不变。因此，在碱性条件下所制得的湿凝胶孔隙尺寸较大，密度较小。

（3）水解聚合反应阶段。

水解聚合反应阶段即胶化过程，从溶胶转变为凝胶称为胶化。溶胶首先形成湿胶再形成凝胶，一般在室温下进行，有时也可提高一些温度以加快胶化速度。

胶化过程中包含着水解和聚合两类化学反应。在制备石英系光纤时，采用硅的醇盐为原料。

（4）干燥阶段。

一般放在敞开容器内，加热到 $80 \sim 110$ ℃温度下进行，在此阶段除去大部分的溶胶和物理吸附水，所获得的干凝胶具有 $600 \sim 900 \ m^2/g$ 比表面积，宏观密度为 $1.2 \sim 1.6 \ g/cm^3$。

（5）热处理阶段。

在此阶段除去化学结合的 OR、OH 根及部分重金属杂质。此时，升温速度、保温温度、保温时间等参数都影响最终产品的性能。

由于干胶内包含有大量的孔隙，具有大的比表面积，并含有大量的 OH 和 OR，因此在干胶进一步热处理过程中所采用的程序对于降低光纤内 OH^- 含量和重金属杂质是非常关键的。

首先,在 $300\sim500$ ℃温度范围存在着有机杂质的氧化反应,在此阶段,如采用保温并加上充分的氧气,可使有机杂质氧化分解为气体产物逸出体外。随后,在 $500\sim1000$ ℃之间,OH^- 凝聚成水分挥发掉,并在 1100 ℃时气孔开始缩小。此时,He 气氛中加热比较合理。因为 He 在玻璃内有最大扩散率,利于把玻璃内的气泡带走。但是,当用单纯的 He 气氛处理和烧结时,最终玻璃内的 OH^- 含量会升高,甚至大于 5000×10^{-6}。尽量采用较慢的升温速度有利于降低 OH^- 的含量,但仅仅是量的变化,即使加上其他合理的措施,最终玻璃内的 OH^- 含量仍保持在 600×10^{-6}。在这种情况下,得不到低损耗的玻璃预制棒。因此,后来采用了氯气处理技术,降低 OH^- 含量。

在 800 ℃下,通入氯气 30 min,玻璃内的 OH^- 含量可降低到 10^{-6} 数量级。OH^- 含量的降低与通入氯气的时间有关,例如,热处理温度在 1000 ℃时,氯气气氛保温 2 h,OH^- 含量为 $200\sim300\times10^{-6}$;保温时间延长至 7 h,OH^- 含量则小于 1×10^{-6}。通入氯气处理,可导致氯气含量过高,这种玻璃材料拉丝时也会发泡,故需在更高的温度下,在氧气气氛中处理 Cl_2,使其含量低于 0.5%,从而消除这种影响。

（6）烧结阶段。

在此阶段,通过黏性流动,胶体内微孔收缩最终成为无气泡透明玻璃棒。在此过程中,玻璃棒的气孔率逐渐减小,相对密度逐渐增大到该物质的理论密度,一般在高于 1100 ℃的温度下烧结。

溶胶经过以上几个阶段转变成制造光纤的玻璃棒,物质状态发生了明显变化。

9.2.4　光纤预制棒表面研磨处理技术

众所周知,预拉制光纤的强度和强度分布,主要取决于初始光纤预制棒的质量,特别是它的表面质量。预制棒表面存在的裂纹和杂质粒子,在高于 2000 ℃的温度下拉成光纤后,会遗留在光纤表面,形成裂纹和微晶缺陷。因此,为克服这一问题,以制备连续长度长且高强度的光纤,必须在拉制工序之前,愈合和消除这些表面缺陷。目前采用的光纤制棒表面处理方法主要有以下五种。

（1）采用乙醇、甲醇、丙酮和 MEK 等有机溶剂清洗预制棒表面。

（2）采用酸溶液浸蚀预制棒。

（3）采用火焰抛光预制棒。

（4）采用有机溶剂清洗后的预制棒,再进一步用火焰抛光处理。

（5）采用有机溶剂清洗后,再经酸蚀后的预制棒,进一步采用火焰抛光处理。

采用一种有机溶剂清洗方法处理时,光纤强度改善并不是很明显。酸蚀玻璃是一种常规的强化玻璃表面技术。从对光纤断裂机理分析可以推断出,气相沉积技术制得光纤预制棒表面上的杂质粒子主要来自两个方面:一是在 $1600\sim2000$ ℃的高沉积温度和高收缩温度下,使稀少的金属粒子自火焰中飞溅出来,熔融到棒的热表面上,并在拉丝工艺之后,遗留于光纤表面上,这对微裂纹的形成起着主要作用;另一方面,是来自生产现场大气中的尘粒,如

$CaCO_3$、$MgCO_3$ 等尘埃。该尘粒是在持续大约 6 h 的沉积和收缩阶段,被熔融到管棒表面上的。这本身又诱发了在这些点处的化学成分的变化,这一变化可导致在光纤表面的热应力和结晶化,致使微裂纹的形成,最终导致光纤强度的降低,使用中发生断裂。采用酸蚀剂可有效地除去这些表面杂质粒子。

在酸蚀过程中常用到的酸蚀剂有氢氟酸(HF)、硫酸(H_2SO_4)和硝酸(HNO_3),其中最强的酸蚀剂为 49% 的 HF 酸。采用 49% 浓度的 HF 酸溶液浸蚀二氧化硅时,其溶解速率约为 260×10^{-10} m/s,浸蚀时间为 15 min,可除去厚度为 $2 \sim 3$ μm 的表面层。

为使表面酸蚀均匀,酸蚀之前最好用有机溶剂清洗预制棒表面,因为黏附在预制棒表面的有机物妨碍氢氟酸溶剂对预制棒表面的浸蚀作用。在使用有机溶剂清洗和随后的酸蚀处理中,若采用超声波搅动清洗和酸蚀,利用溶液的涡旋作为驱动力,效果会更佳。

预制棒表面酸蚀处理不当,也会起到以下负面作用。

(1) 氢氟酸酸蚀虽然能除去表面异物和较大的表面伤痕,但同时会导致新的小腐蚀坑的形成。

(2) 过量的腐蚀会引起局部折射率变化,造成"微型粗糙"。

(3) 在不会引起断裂部分,含有 Vikers 凹痕的 SiO_2 预制棒,即使短时浸蚀,也可使其强度明显降低。

基于上述原因,单独酸蚀处理对提高光纤强度效果难以确定,所以,在光纤预制棒表面处理中,酸蚀处理不宜单独采用。

火焰抛光法也是一种常规的强化玻璃表面的方法,此方法可以显著地提高光纤的强度。其基本原理是:利用氢氧焰(或电阻加热炉、等离子火焰、激光)抛光预制棒表面,使表面软化,促使预制棒表面平滑化,从而愈合或"填平"微裂纹。这种工艺对预制棒的表面不平整大于 10 μm、裂纹深度大于 0.1 μm 的表面缺陷,只要在 1530 ～2300 ℃ 范围内,抛光 $2 \sim 5$ 次,即可很好地除去所有的缺陷,并使光纤的最低强度保持在 3.5 GPa 以上。

为防止已处理好的预制棒被"再次污染",最好将预制棒立刻拉丝。若不能立即拉丝,则应将处理好的预制棒悬挂在空气过滤器的正面或将其存放于特别的无尘密封容器中,以便在暂时存放期间和在运往拉制场所时,表面不致被损伤、污染。根据大量实验,业内专家建议,为取得良好的效果,酸蚀到抛光、抛光到拉丝之间的时间间隔以 0.5 h 最好。

9.2.5 光纤预制棒质量检测

光纤预制棒质量对光纤光缆的质量起着决定性的作用,对预制棒质量的检测主要有三个方面:① 预制棒内的各种缺陷检验;② 预制棒几何参数的检测;③ 折射率分布测试。

预制棒缺陷是指沉积层中的气泡、裂纹以及沉积层结构偏差与沿轴向不均匀分布等因素问题,它反映了预制棒的沉积质量。可利用 He-Ne 激光扫描装置进行检验。

9.2.6 国内的主要光纤制造企业

表 9-5 列出了国内主要光纤制造企业。

表 9-5　国内主要光纤制造企业

公 司 名 称	地　　址	网　　址
武汉长飞光纤光缆有限公司	武汉市洪山区关山二路 4 号	www. yofc. ocm. cn
烽火通信科技股份有限公司	武汉市洪山区关东科技园东信路 6 号	www. fiberhome. com. cn
南京烽火滕仓光通信有限公司	江苏南京经济技术开发区新港大道 76 号	www. niff. cn
特恩驰(南京)光纤有限公司	江苏南京浦口高新技术产业开发区	www. tfo. com. cn
江苏亨通光电股份有限公司	江苏吴江市经济开发区	www. htgd. com. cn
住电光纤光缆(深圳)有限公司	深圳市南山区高新科技北区松坪山路 2 号	www. sefc. cn
成都中住光纤公司	四川成都高新西区西源大道 56 号	www. cdsei. com
古河电工(西安)光通信有限公司	西安市高新技术产业开发区长安 科技产业园信息大道 18 号	www. shianfu. com
三星(海南)光通信技术有限公司	海南省海口市保税区 C02-C06	www. samsungfiberoptics. com

注:以上公司信息为目前公布的信息,如有变化,以新信息为准。

9.3　SiO_2 石英光纤拉丝及一次涂覆

光纤拉丝是指将制备好的光纤预制棒,利用某种加热设备加热熔融后拉制成直径符合要求的细小光纤纤维,并保证光纤的芯/包直径比和折射率分布形式不变的工艺操作过程。在拉丝操作过程中,最重要的技术是如何保证不使光纤表面受到损伤并正确控制芯/包层外径尺寸及折射率分布形式。如果光纤表面受到损伤,将会影响光纤机械强度与使用寿命,而外径发生波动,由于结构不完善不仅会引起光纤波导散射损耗,而且在光纤连接时,连接损耗也会增大,因此在控制光纤拉丝工艺流程时,必须使各种工艺参数与条件保持稳定。一次涂覆工艺是将拉制成的裸光纤表面涂覆上一层弹性模量比较高的涂覆材料,其作用是保护拉制出的光纤表面不受损伤,并提高其机械强度,降低衰减。在工艺上,一次涂覆与拉丝是相互独立的两个工艺步骤,而在实际生产中,一次涂覆与拉丝是在一条生产线上一次完成的。

9.3.1　管棒法

1976 年,Kapang 把一根抛光的芯层玻璃棒插入到一根抛光的包层玻璃管中,一起送入拉丝炉中拉制出光纤,从而发明了管棒法工艺。管棒法是一种既古老又简单的操作方法。这种方法最大优点是简单、易操作,而且芯/包直径比和折射率分布形式可以保持不变,尺寸精确度良好。缺点在于它是一次性生产,也就是说,当每一次预制棒拉制完成后,必须停机重新装料。这将使光纤连续拉制长度受限于预制棒的尺寸,且不可避免地造成材料浪费,使成本增加。

虽然管棒法拉制光纤具有一定的局限性,但在现阶段仍是光纤拉丝工艺最常采用的重要方法。管棒法拉制光纤工艺有两种:一种是将熔成一体的芯/包预制棒直接在高温炉中加温软化拉制成光纤,如利用 MCVD 法制取的光纤预制棒;另一种是在芯层玻璃棒体上套上外包层玻璃管送入加热炉中熔炼成一体,再送入高温炉中加温软化拉制成光纤,如采用二步法生产的光纤芯层棒和包层管制成的预制棒。后一种工艺由于难以保证芯/包的同心度并在芯/包界面上存在着气泡或微弯等缺陷,影响光纤的最终性能,使用受到限制。但是,这种方法由于它的芯层棒与包层管是分开在不同的设备上同时加工,所以它可以提高单班生产效率,一旦它的技术难点被攻克,将是最具发展前途的拉丝工艺。

拉丝工艺流程及设备如图 9-6 所示。光纤预制棒的拉丝机由五个基本部分构成:① 光纤预制棒馈送系统;② 加热系统;③ 拉丝机构;④ 各参数控制系统;⑤ 水冷却和气氛保护及控制系统。五者之间精确的配合构成完整拉丝工艺。具体的机械和电气设备与系统包括机械系统拉丝塔架、送棒及调心系统、加热炉、激光测径仪、牵引装置、水气管路系统、电气部分送棒控制及调心控制系统、加热炉控制系统、外径测控系统、牵引控制系统、冷却水及保护气氛控制系统、人机界面、PLC 信号处理系统等。

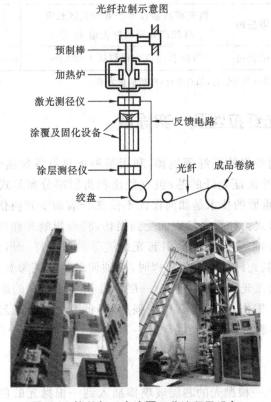

图 9-6　拉丝与一次涂覆工艺流程及设备

操作步骤:将已制备好的预制棒安放在拉丝塔(机)上部的预制棒馈送系统的卡盘上;馈送系统缓慢地将预制棒送入高温加热炉内;在 Ar 气氛保护下,高温加热炉将预制棒尖端加热至 2000 ℃,在此温度下,足以使玻璃预制棒软化,软化的熔融态玻璃从高温加热炉底部的喷嘴处滴落出来并凝聚形成一带小球细丝,靠自身重量下垂变细而成纤维,即裸光纤;将有小球段纤维称为"滴流头",操作者应及时将滴流头去除,并预先采用手工方式将已涂覆一次涂层的光纤头端绕过拉丝塔上的张力轮、导轮、牵引轮后,最后绕在收线盘上;然后再启动自动收线装置收线。

预制棒送入高温加热炉内的馈送速度主要取决于高温炉的结构、预制棒的直径、光纤的外径尺寸和拉丝机的拉丝速度,一般为 0.002～0.003 cm/s。在拉丝工艺中不需要模具控制光纤的外径,因为模具会在光纤表面留下损伤的痕迹,降低光纤的强度。绝大多数光纤制造者是将高温加热炉温度和送棒速度保持不变,通过改变光纤拉丝速度的方法来达到控制光纤外径尺寸的目的。

在正常状态下,若预制棒的馈送速度为 V,光纤的拉丝速度为 V_f,预制棒的外径为 D,裸光纤的外径为 d_f($d_f = 2b$)。根据熔化前的棒体容积等于熔化拉丝后光纤容积的特点,可知前三者与光纤的外径有如下关系:

$$VD^2 = V_f d_f^2 \tag{9-7}$$

因此,光纤的外径可由式(9-8)给出:

$$d^2 = VD^2/V_f \tag{9-8}$$

光纤预制棒馈送系统主要由光纤预制棒卡盘、馈送及控制系统和调心机构及控制系统构成。卡盘的作用是固定光纤预制棒,馈送及控制系统主要是步进电动机,它的用途是为预制棒进入加热炉提供一个缓慢的速度,调心及控制系统作用是光纤预制棒在卡盘上夹好后,首先要预调中心,使棒的中心与预定的检测中心重合,当出现偏心时,为 PLC 提供变化参数,及时自动调节修正。

拉丝操作对加热源的要求是十分苛刻的。热源不仅要提供足以熔融石英玻璃的 2000 ℃以上高温,还必须在拉制区域能够非常精确地控制温度,因为在软化范围内,玻璃光纤的精度随温度的变化而变化,在此区域内,任何温度梯度的波动都可能引起不稳定性而影响对光纤直径的控制。同时,由于 2000 ℃ 的高温已超过一般材料的熔点,因而加热炉的设计是拉丝技术的又一关键技术。常用的拉丝热源有气体喷灯、各种电阻及感应加热炉和高功率 CO_2 激光器。

历史上应用火焰燃烧器把高温玻璃拉制成纤维的例子甚多,一般都采用氢氧或氧-煤气喷灯,这种加热设备本身存在火焰骚动问题,因而拉制的光纤外径尺寸控制精度一直不高。目前,这种方法极少应用。

现代拉丝机主要采用石墨或 ZrO_2(氧化锆)电阻或高频感应炉作为热源。对加热炉的要求:炉温易控制;炉内壁材料不易产生尘埃、颗粒及其他污染的杂质;可耐 2200 ℃ 及以上高温。与气体氢氧喷灯燃烧器和高功率激光器相比,ZrO_2 感应加热炉具有较大的热学质量,会产生较长的颈缩区,是预制棒的数倍,对预制棒的加热拉丝有一定的影响。

高功率激光器是一理想加热源。用激光拉制光纤的清净度是采用其他方法拉制光纤所无法比拟的,因为在拉丝过程中,激光器自身不会带来任何污染;而在光纤直径的控制上,在不需控制环的帮助下,大长度光纤直径的偏差小于标准值的 1‰,且加热温度稳定不变。常用的激光器为 CO_2 激光器,它是一种分子激光器。当使用 CO_2 激光器作为加热源时,有一点需要特别注意,即硅材料对 10.6 μm 波段的能量吸收系数非常大,而硅材料的热容又很低,因此,光纤预制棒表面温度会相当高,使硅材料迅速汽化。因此,若使用 CO_2 激光器加热,则拉制光纤尺寸会受到影响,所以温度的控制就显得非常重要。CO_2 激光器结构复杂,庞大,价格昂贵,但它的工作可靠性高、寿命长、性能稳定、无污染,因而成为光纤拉丝加热设备的首选。

光纤拉丝工艺中的直径控制非常关键。加热炉及预制棒下端拉锥部位要求有相当平静的气氛,任何气流的搅动都会造成光纤直径的高频波动;加热炉内由于"烟囱效应"以及温度梯度引起的气流波动、保护气体气流紊乱流动等现象均需严格控制。为保证光纤直径的精度要求,下列措施是必需的。

第一,要求拉丝塔的底座应与周围建筑物的地基隔离,单独设置地基,以防止厂房周围车辆、机械振动产生影响,引起拉制的光纤直径波动。

第二,要求预制棒的拉丝牵引轮的速度非常均匀平稳;牵引轮、收线盘、电机的传动部分不能出现任何的偏心,否则都会导致光纤直径的变化。

第三,光纤直径要有一个十分精密的测量与反馈控制系统。一般选用非接触法之一的激光散射法对刚出炉的裸光纤同步进行遥测。基本测量方法有两种:一种是通过光纤的干涉图形来测定直径;另一种是采用扫描激光束产生的光纤影像来确定直径。测量精度可达到零点几个微米,利用测得的光纤直径误差信号去调节牵引轮的拉丝速度,以获得光纤设计要求的正确外径,如 $125~\mu m$、$140~\mu m$、$(150\pm1)~\mu m$ 等。

拉丝和卷绕系统是拉丝设备中的重要组成部分。一般采用涂有橡胶的牵引轮和牵引装置、张力控制轮、收排线盘等设备完成。牵引拉丝轮的速度在 $10\sim20~m/s$ 之间,要求保证光纤所受拉力为"零"。

在拉丝设备中第五个重要组成部分是控制系统。当拉制光纤的直径、温度、气氛等参数发生微小变化时,控制系统自动反馈一个信息,并使变化自动得到补偿,这一作用系统称为控制系统。其主要构成部分有:位于加热炉出口的激光测径仪及涂覆后位于张力轮前端的涂层测径仪控制系统,Ar 气液面、压力和流量控制系统,炉内温度控制系统以及各自相应的误差信号处理系统及控制拉丝速度的控制机构。若实现一个实用的控制系统,必须考虑影响系统动态响应的许多因素,特别是拉丝机的动态响应,包括控制收线盘和牵引轮的电动机以及机构自身的特性。任何微小的变化,甚至是随机振动或预制棒的颈缩区内的气流与温度变化所产生的细微变化,都会影响拉丝直径,必须细致地设计拉丝机及其环境才能减少这种影响。

9.3.2　光纤的一次涂覆

光纤一次涂覆工艺之所以称为"一次涂覆",是相对二次涂覆而言的。一次涂覆是对光纤最直接的保护,所以显得尤为重要。

SiO_2 玻璃是一种脆性易断裂材料,在不加涂覆材料时,由于光纤在空气中裸露,致使表面缺陷扩大,局部应力集中,易造成光纤强度极低,为保护光纤表面,提高抗拉强度和抗弯曲强度,实现实用化,需要给裸光纤涂覆一层或多层高分子材料,如硅酮树脂、聚氨基甲酸乙酯、紫外固化丙烯酸酯等。涂覆层可有效地保护光纤表面,提高光纤的机械强度并隔绝引起微变损耗的外应力,对新拉制出的光纤进行完善的机械保护,避免损伤裸光纤表面,增加光纤的耐磨性,只有涂覆后方可允许光纤与其他表面接触。涂层的作用是使拉制好的光纤表面不受机械损伤,防止裸光纤断裂。在光纤拉丝机上对裸光纤应立即进行预涂覆,将它未受侵蚀的、洗净的表面保护好,防止光纤擦伤和受环境污染,保持光纤连续拉制过程中形成的玻璃原有状态。

光纤的一次涂覆,通常是在拉丝过程中同步进行的。当熔融光纤向下拉制时,光纤表面的微裂纹尚没有与空气中水分、灰尘等发生反应或微裂纹尚没有扩大,就应迅速地进行涂覆来保护光纤表面,防止微裂纹的形成或扩大,达到改善光纤的机械特性和传输特性的目的。

一次涂覆的层数一般为两层:预涂层和缓冲层。极特殊的情况下可有五层结构。涂层数主要由制造者根据具体的使用环境和光纤结构决定。如选用双涂层,需采用两个分立的涂覆器和固化器,可分两步先后进行涂覆和固化或者双涂后一次固化。涂覆后立即以遥控激光测径仪测量涂覆层与光纤的同心度,并利用误差处理系统进行处理,同时自动地水平移动涂覆器,以获得适宜的涂覆同心度。涂覆同心度是一次涂覆工艺的一大关键技术,它对光纤最终机械强度形成的作用与影响非常重要,需要特别关注。

涂层厚度的考虑:如果仅从机械强度考虑,涂层越厚越好,若综合考虑光纤的传输特性,涂层太厚,不仅在弯曲、拉伸及温度变化时会产生微弯,同时还会成为光纤损耗增加的主要原因。此外,涂层材料的机械特点,也严重影响光纤的传输特性。绝大多数光纤的涂层厚度控制在 $125\sim250~\mu m$,但特殊光纤的涂层直径高达 $1000~\mu m$,调节涂覆器端头的小孔直径、锥体角度和高分子材料的黏度,可以得到规定厚度的涂覆层材料。

9.3.3　紫外固化工艺

紫外固化工艺主要设备是紫外固化炉,它是由一组对放的半椭圆形紫外灯组成,一般有 $3\sim7$ 个紫外灯。基本固化原理是采用紫外光照固化,以特定频率的紫外灯光(简称 UV)照射对该频段 UV 有敏感的涂料(如丙烯酸酯),即 $E_g=h\upsilon$,且满足一定时间和强度要求,使涂层固化。

UV 灯的光功率大小由拉丝速度决定,而拉丝速度又由 UV 灯的型号、功率大小和灯的数量决定。在速度一定的条件下,功率过低,会使涂层得不到充分固化,出现表面发黏现象;而功率过高又会引起过固化并缩短灯泡的使用寿命。因此在涂覆工艺中,必须要找出 UV 灯光功率与拉丝速度的最佳比值,即"光固化因子"。

9.4　光纤张力筛选与着色工艺

9.4.1　张力筛选

经涂覆固化后光纤可直接与机械表面接触。为确保光纤具有一个最低强度,满足套塑、成缆、敷设、运输和使用时机械性能要求,在成缆前,必须对一次涂覆光纤进行 100% 张力筛选。张力筛选方式有两种:在线筛选和非在线筛选。所谓在线张力筛选是指在光纤拉丝与一涂覆生产线上同步完成张力的筛选,这种筛选方式由于光纤涂层固化时间短,测得的光纤强度会受到一定影响。非在线光纤张力筛选是在专用张力筛选设备上完成,一般情况下均采用非在线光纤张力筛选方式进行光纤张力筛选。

9.4.2　光纤着色工艺

光纤着色是指在本色光纤表面涂覆某种颜色的油墨并经过固化使之保持较强附着力的一个工艺操作过程。

光缆结构中的光纤根数已从每单元内放置一根光纤,发展到放置 2、4、8、12、24、48、144、200、260、540、600、1000、1500、2000、2004 等多根光纤,由于这一结构上的变化,给光纤的连接和维护带来了许多不便,为便于光纤的标记和识别,必须对光纤采取某种标识方法,以便于人们对其进行区分,这一方法就是着色处理。

着色方法,过去一般紧套光纤在一次涂覆后着色或在二次涂覆材料中加入颜料,同步着色,而带纤在成带前着色,松套光纤在一次涂覆后着色。现在无论何种光纤,通常都采取在一次涂覆后着色工艺。

对着色工艺要求是着色光纤颜色应鲜明易区分,颜色层不易脱落,且与光纤阻水油膏相容性要好,且着色层均匀,避免断纤。

常采用的着色方法有两种:在线着色和独立着色。在线着色是指在拉丝和一次涂覆过程中,同步完成着色的一种方法;而独立着色是利用专门的着色设备在已涂覆的光纤上独立着色处理的方法,目前采用后一种方法进行着色处理更多些。

光纤着色工艺主要采用着色机实现。着色机是一种在本色光纤表面涂覆不同颜色涂料并能够使其快速固化的设备。

9.5 光纤二次涂覆(套塑)工艺

光纤二次涂覆工艺,有时又称为套塑工艺,它是对经过一次涂覆着色后光纤进行的第二层保护操作。经一次涂覆后的光纤,其机械强度仍较低,如不经进一步的增强仍是无法使用的。众所周知,光纤在实际使用中不可避免地要受到外部张应力或压应力或剪切力的作用,外力作用不仅会影响光纤传输性能,对其机械特性的影响会更大。同时,当外部环境温度发生变化时,由于一次涂覆光纤的温度特性差,也会影响光纤的传输特性。为此,为满足光纤在成缆、挤护套等后序各工序,以及运输、敷设、实际使用时对其传输特性和机械特性的要求,必须对一次涂覆着色后的光纤进行进一步保护,使光纤具有足够的机械强度和更好的温度传输特性。套塑操作的目的就是要保护光纤的一次涂覆层,增加光纤的机械强度,改善光纤的传输特性与温度特性。

套塑工艺操作可分为松套、紧套、成带三种工艺方式。松套工艺是在一次涂覆光纤的外表面,再挤包上有一定直径、一定厚度的松套缓冲塑料管,简称松套管。一次涂覆光纤在松套管中可以自由移动,松套管内充有阻水石油膏,根据松套管内光纤结构的形态可以分为两种:普遍松套光纤套塑,此时,管内光纤可以是一根,也可以是一束多根;光纤带松套套塑,松套管内光纤为光纤带。紧套光纤,顾名思义就是将经过一次涂覆的光纤外层再紧紧地挤包一层同心丙烯酸酯、尼龙或聚乙烯等高分子聚合物层,二次涂层紧贴在一次涂层上,光纤在二次涂层不能自由移动。所谓光纤成带就是将若干根,如 2×2、4×4、6×6、8×8、12×12、16×16、24×24,着色光纤按照一定的规律,有顺序的平行排列在一起,并且用聚乙烯等高分子材料黏结成带状光纤后再叠带的工艺操作过程,而排列、黏结的工艺过程称为成带,又称并带。图 9-7 所示的是套塑机原理示意图。

在套塑时,将一次涂覆光纤从安装在模具内部并与模具同心的导向管中穿过去,在模具出口处涂覆上经 250 ℃加热熔化了的尼龙,然后经过冷却水槽,使尼龙冷却固化,即获得套塑

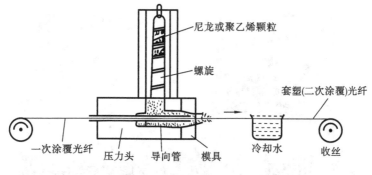

图 9-7 光纤套塑工艺原理

光纤,最后由收丝轮接收光纤。套塑的厚度由模具出口处的尺寸决定,一般套塑之后的光纤外径为 0.4~1.5 mm。

经套塑之后的光纤在塑料冷却收缩时会产生微弯,引起附加损耗。为了减少这种因套塑引起的附加损耗,要合理地设定塑料挤压速度、光纤拉伸速度及冷却速度 ,并使厚度稍薄一点,同时注意避免套塑时光纤的振动。

9.6 光纤成缆技术

经过涂覆与套塑之后的光纤虽然已具备了一定的拉张强度,但其抗扭折、抗压及抗拉的性能仍然很差,只能用于实验室传输实验,而不能直接应用于各种实际光纤系统之中,为了使光纤能够在各种敷设条件和各种工程中使用,必须把光纤与其他元件组合起来构成光缆,这一工艺即光纤的成缆。

光缆的成缆方式与电缆的基本相似,但由于光纤的性能与一般的金属和塑料完全不同,因此其设计方式与光缆结构需要根据光纤的自身特点来确定。

光缆设计的基本原则是:① 为光纤提供良好的机械保护,使光缆具有优异的机械性能,确保光纤不因受外界张力和冲击而损坏;② 在成缆过程中应保持光纤的传输性能不变;③ 光缆的制造、敷设、接触和维护应方便可靠。图 9-8 所示的为光缆成缆机实物图。

成缆工艺根据缆芯结构不同可分为:中心管式缆芯成缆工艺、层绞式缆芯成缆工艺和骨架槽式缆芯成缆工艺。图 9-9 所示的为缆芯制备工艺流程图。

为保护光纤成缆后缆芯不受外界机械、热化学、潮气及生物体啃咬等影响,光缆缆芯外部必须有护套,甚至有外护套保护,只有这样才可以更有效地保护成缆光纤正常工作与使用寿命要求。图 9-10 所示的为护套挤制工艺流程图。

光缆综合护套生产工艺必须能够保证生产出符合下述要求的合格护套。

(1) 完全密封。对于光缆来说,防止可能影响光缆性能并最终导致光缆失效的潮气或水分的侵入是至关重要的一点。因此,要求生产的护套必须完全没有气泡、针孔和焊缝等。

(2) 尺寸精确,同心度好,表面光洁,尤其是护套的内表面要光洁。

(3) 为减少光缆的连接点,应尽可能实现光缆连续长度很长的生产方式,目前光缆的典型连接长度为 5 km,如有特殊要求可达 6~7 km,甚至更长。

(4) 在生产过程中不得损伤缆芯。

图 9-8　光缆成缆机实物图

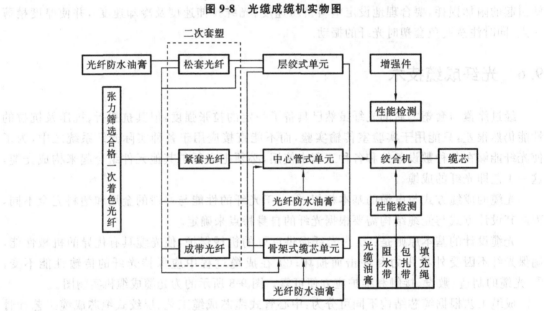

图 9-9　缆芯制备工艺流程图

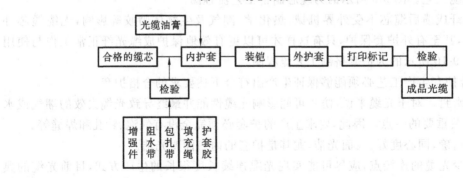

图 9-10　护套挤制工艺流程图

综合护套生产一般包括缆膏或护套(又称护套胶)油膏填充、纵包阻水带、内护套的挤制(包括塑料护套、纵包铝塑带或纵包钢塑带等)、装铠、挤制塑料外护套等五部分操作。根据光缆使用场合的不同,可由上述五部分中的几部分构成不同综合护套。缆膏或护套填充油膏和纵包阻水带起到纵向阻水和挡潮作用;塑料内护套、纵包铝塑带或钢塑带起到径向阻水和挡潮作用,如采用纵包钢塑带做内护套还可提高光缆的抗侧压性能;光缆装铠就是对已挤制塑料内护套的光缆用钢带或钢丝进行加装铠装层保护操作;光缆的塑料外护套一般有聚乙烯 PE 护套、聚氯乙烯 PVC 护套、耐电痕交联聚乙烯 XEPE 护套、无卤阻燃聚氯乙烯护套和防白蚁护套等多种。

9.7　思考题

9-1　石英光纤在选材上有何要求?

9-2　掺杂剂对光纤性能有何影响?

9-3　分析四种成熟的预制棒制备方法的特点。

9-4　熔融石英的密度是 2.6 g/cm^3,要制备长为 1 km、直径为 50 μm 的光纤纤芯需要多少克石英? 如果纤芯材料是在一根玻璃管内沉积而成,沉积速率为 0.5 g/min,则制造上述光纤的预制棒纤芯部分需要多长时间才能沉积完成?

9-5　石英光纤拉丝有哪些要求?

9-6　制备光纤光缆时为什么要涂覆? 它们的作用是什么?

参 考 文 献

[1] 原荣.光纤通信[M].北京:电子工业出版社,2002.

[2] 姚建永.光纤原理与技术[M].北京:北京希望电子出版社,2005.

[3] 彭利标.光纤通信[M].北京:机械工业出版社,2007.

[4] 吴平,严映律.光纤与光缆技术[M].成都:西南交通大学出版社,2003.

[5] 徐宝强,杨秀峰,夏秀兰.光纤通信及网络技术[M].北京:北京航空航天大学出版社,1999.

[6] 乔桂红.光纤通信[M].北京:人民邮电出版社,2005.

[7] 林学煌,等.光无源器件[M].北京:人民邮电出版社,1998.

[8] 黄章勇.光纤通信用新型光无源器件[M].北京:北京邮电大学出版社,2002.

[9] 林达权.光纤通信[M].北京:高等教育出版社,2002.

[10] 顾生华.光纤通信技术[M].北京:北京邮电大学出版社,2008.

[11] 赵淬森.光纤通信工程[M].北京:人民邮电出版社,1994.

[12] 杨同友.光纤通信系统测试[M].北京:人民邮电出版社,2005.

[13] 唐剑兵,张卫卫.光电技术基础[M].成都:西南交通大学出版社,2006.

[14] 强世锦,李方健,等.光纤通信技术[M].北京:清华大学出版社,2011.

[15] 廖延彪.光纤光学原理及应用[M].北京:清华大学出版社,2010.

[16] 陈鹤鸣,赵新彦.激光原理及应用[M].北京:电子工业出版社,2009.

[17] 黄章勇.光纤通信用新型光无源器件[M].北京:北京邮电大学出版社,2002.

[18] (美)Mynbeav,D.K,(美)Scheiner,L.L.光纤通信技术[M].徐公权,等,译.北京:机械工业出版社,2002.

[19] 王臻,魏访.光纤光学基础[M].武汉:武汉大学出版社,2009.

[20] 蓝信钜.激光技术[M].武汉:华中理工大学出版社,1995.

[21] 毕卫红.光纤通信与传感技术[M].北京:电子工业出版社,2008.

[22] 张明德.光纤通信原理与系统[M].南京:东南大学出版社,2003.